Francesca Buoninconti

Grenzenlos

Über unsere Liebe,
zur Inspiration…

DIE AUTORIN

Francesca Buoninconti hat Naturwissenschaften mit Schwerpunkt Ornithologie studiert und schreibt als Wissenschaftsjournalistin für verschiedene Print- und digitale Medien, u. a. für *La Repubblica*, *Micron* und *Vanity Fair,* und arbeitet für den Rundfunk.

FRANCESCA BUONINCONTI

GRENZENLOS

DIE ERSTAUNLICHEN
WANDERUNGEN
DER TIERE

Aus dem Italienischen von Werner Menapace

FOLIO VERLAG
WIEN • BOZEN

Inhalt

7   Einleitung
     Von Reisen, Kompassen und Uhren

19   Teil I – Ein Leben im Flug

21   *Kapitel 1:*   Das Versprechen der Wiederkehr
37   *Kapitel 2:*   Wohin ziehen die Zugvögel?
53   *Kapitel 3:*   Eine Frage von Generationen
67   *Kapitel 4:*   Jenseits der Dunkelheit

79   Teil II – Wasserwege

81   *Kapitel 5:*   Die magnetische Anziehung der Strände
95   *Kapitel 6:*   Auf den Routen der Giganten
107 *Kapitel 7:*   Unterwegs im Ozean
123 *Kapitel 8:*   Der Geruch von Zuhause

135 Teil III – Ein langer Marsch

137 *Kapitel 9:*   Auf dem Eis der Antarktis
149 *Kapitel 10:* Der Kreislauf des Lebens
163 *Kapitel 11:* Die grüne Welle
175 *Kapitel 12:* Nächtliche Spaziergänge
183 *Kapitel 13:* Weihnachtsrituale
189 *Kapitel 14:* Die Zukunft der Wanderungen

205 Dank

Einleitung

Von Reisen, Kompassen und Uhren

Frühmorgens an einem heißen Tag Mitte Juni. Hinter dem Kalksteinplateau der Murge in der süditalienischen Basilikata guckt die Sonne hervor. Sie bringt die Luft zum Erröten, lässt die Kornfelder in den unzähligen Farben des Goldes erstrahlen, weckt spärliche Mohnblumen auf und taucht die *Sassi*, die Höhlensiedlungen von Matera, in ein leuchtendes Rosa, das ins Gelb spielt. Die Stadt schläft noch, doch zwischen den Häusern und unten in den zerklüfteten Schluchten hallt bereits das Gezwitscher der Schwalben wider.

Die Botschafterinnen des Frühlings schießen durch die engen Gassen, deren Steinpflaster vom ständigen Getrappel glatt poliert ist. Sie spielen Verstecken zwischen den porösen Mauern, an denen sich da und dort Kapernsträucher hochranken. Sie stürzen sich ins Tal hinab und gleiten im Tiefflug über den Wildbach Gravina, mit offenem Schnabel, um ein wenig Wasser aufzufangen und ihren Durst zu löschen. Dann steigen sie wieder hoch und machen sich erneut auf die Jagd nach Fliegen und Mücken. Den Schnabel voller geflügelter sechsfüßiger Leckerbissen, fliegen sie zum Nest, wo die kreischenden Jungschwalben sie erwarten. In ein paar Stunden, wenn die Luft sich erwärmt hat, werden die Rötelfalken auf der Suche nach Heuschrecken, Maulwurfsgrillen und Libellen über die vor Kurzem gemähten Kornfelder fliegen. Kleine und elegante Falken mit ziegelrotem Rücken und blassen, messerscharfen Krallen.

Beide kamen zu Beginn des Frühlings nach Europa, die einen etwas früher, die anderen später. Dort trafen sie ihre Partner wieder und bezogen das am Ende des vorigen Sommers aufgegebene Nest. Die anspruchsloseren Rötelfalken begnügten sich mit Spalten in den Kalkmauern, Nischen an Denkmälern und Hohlräumen unter den Dachziegeln, um eine Familie zu gründen. Die akkurateren Schwalben richteten die alte Bleibe wieder her, indem sie Erdkrümel und Grashalme mit Speichel verklebten, um Risse zu reparieren und den Rand des Nestes zu glätten. Dann sammelten sie feinste Federn, um damit das Nestinnere auszukleiden und es für die Eier und den Schwalbennachwuchs weich und behaglich zu machen. Jetzt, zu Beginn des Sommers, richtet sich ihre ganze Aufmerksamkeit auf die Neugeborenen.

Ende August aber, wenn die jungen Rötelfalken völlig selbstständig und auch die Jungschwalben flügge sind, wird es Zeit, wieder aufzubrechen. Sobald der Abend hereinbricht, sammeln sich die Falken im Schlafsaal einer großen Strandkiefer im Zentrum von Matera. Dasselbe tun die Schwalben, im Röhricht oder auf den Strom- und Telefonleitungen vor den Ställen oder Garagen, in denen sie gebrütet haben. An einem der letzten August- oder ersten Septembertage verlassen sie dann das Land, um über die Sahara hinweg in den tiefen Süden zurückzukehren, wo sie den Winter verbringen. Am Ende des Winters beginnen sie aufs Neue: Sie kehren nach Europa zurück, pflanzen sich fort und fliegen wieder nach Afrika, Jahr für Jahr, ein Leben lang, in einer endlosen Reise: der Migration.

Doch nicht nur Schwalben und Rötelfalken wandern. Über unseren Planeten ziehen Milliarden von Wandertieren: Vögel, Meeres-, Land- und Flugsäugetiere, Fische, Amphibien, Reptilien, Insekten und andere wirbellose Tiere. Die Giganten der Meere, die Wale, wandern ebenso wie einige der anmutigsten Tiere: die Schmetterlinge. Klein oder groß, allein oder in Gruppen, legen sie jedes Jahr Tausende von Kilometern zurück und nehmen dabei auf unsicheren Routen Schwierigkeiten und Gefahren in Kauf, die sie das Leben kosten können. All das, um sich fortzupflanzen und genügend Nahrung zu finden. Doch wie schaffen sie es, ihren

Bestimmungsort zu erreichen? Wie orientieren sie sich dabei und wie gelingt es ihnen, jedes Jahr genau an den Ort zurückzukehren, an dem sie geboren wurden? Und vor allem: Warum wandern sie überhaupt? Auf diese und weitere Fragen suchte der Mensch in seiner Neugier seit jeher eine Antwort. Doch die ersten Hypothesen darüber waren, gelinde gesagt, voll blühender Fantasie.

Bereits im 4. Jahrhundert v. Chr. hatte Aristoteles festgestellt, dass die Schwalben im Winter fortblieben und im Frühling wiederkamen. Doch trotz seines Scharfsinns und der umfassenden Arbeit an der *Historia animalium* gelang es dem griechischen Denker nie, das Geheimnis zu lüften. Tatsächlich ist er ihm noch nicht einmal nahegekommen.

Die gängigste Auffassung jener Zeit war, die Vögel flögen bis zum Mond, um dann im Frühling auf die Erde zurückzukehren. Oder sie ließen sich im Herbst im Laubwerk der Bäume nieder, um beim Fallen der Blätter auch ihr Federkleid abzulegen und sich in Zweige zu verwandeln. Laut Aristoteles verwandelten sich die Rotkehlchen nach dem Ende des Winters in Rotschwänzchen: Die rötliche Farbe würde von der Brust auf den Schwanz übergehen. Heute wissen wir, dass beide derselben zoologischen Familie, jedoch verschiedenen Arten angehören. Die merkwürdigste und zugleich langlebigste Erklärung betrifft jedoch die Wanderung der Schwalben. Laut Aristoteles ließen sich die Schwalben am Ende des Sommers auf den Schilfrohren der Seen nieder, verlören ihr Gefieder und verwandelten sich in Frösche. Sie verbrächten den Winter als Amphibien, um dann im Frühling wieder mit leuchtend blauen Flügeln aus dem Wasser aufzutauchen.

Heute entlockt uns diese Hypothese ein Lächeln, doch bis ins 18. Jahrhundert hinein waren sogar Wissenschaftler wie Linné und Cuvier bereit, auf den Wahrheitsgehalt dieser Theorie zu schwören, wobei sie sich auf „schlagende Beweise" stützten: die Erzählungen von ein paar Fischern, die „erstarrte" lebendige Schwalben unter der gefrorenen Oberfläche eines Sees gesehen haben wollten. Das einzig Wahre an der Geschichte ist, dass sich die Schwalben, bevor sie nach Afrika ziehen, zu Tausenden in kleinen Grüppchen versammeln und oft auf Schilfrohren niederlassen, um dort gemeinsam die Nacht zu verbringen und im Morgengrauen loszufliegen. Aristoteles hat sich freilich nicht nur für die Zugvögel interessiert. Er hatte auch über den Roten Thun eine Theorie: Im Winter versteckten sich diese Fische in eiskalten und sehr tiefen Gewässern, um sich im Frühling wieder den Küsten zu nähern. Plinius der Ältere hingegen beschreibt einige Jahrhunderte später in seiner *Naturalis historia* die Wanderung der Kraniche, einer Vogelart, die zu jener Zeit gejagt wurde. Er bewundert die V-Form des Schwarms, die hilfreich ist, um die Luft zu durchschneiden. Aber auch hier vermischen sich Wissenschaft und Fantasie. Nach Plinius gibt es im Schwarm einen „Wächter", der die Aufgabe hat, die Gefährten während des Fluges wach zu halten und sie vor einer etwaigen Gefahr zu warnen, wenn sie zum Rasten anhalten. Dazu muss der Wächter mit dem Fuß einen Stein festhalten: Wenn er einschläft, wird er ihn fallen lassen, und die anderen Kraniche merken dann, dass er seine Pflicht vernachlässigt hat.

Wir müssen weitere 1.000 Jahre warten, um genauere Kenntnisse zu erhalten, zumindest über den Vogelzug. Bis nämlich der Stauferkönig Friedrich II. in seinem *De arte venandi cum avibus* – einer Abhandlung über die Falknerei mit über 500 Illustrationen – etwa 80 Vogelarten, das Verhalten der Schwärme, die zeitlichen Abläufe der Wanderung und einige Besonderheiten des Gefieders und des Fluges beschreibt.

Die ersten Fragen der Wissenschaft zum Phänomen der Wanderungen gibt es jedoch erst Ende des 19. Jahrhunderts. Angefangen mit der wichtigsten: Warum unternehmen die Wandertiere eine so lange und gefährliche Reise? Wäre es nicht besser für sie, immer am gleichen Ort zu bleiben?

Die meisten wandernden Tierarten leben an Orten mit wechselnden Jahreszeiten. Und sehr oft bringt es der Wechsel der Jahreszeiten und der Produktionszyklen mit sich, dass die günstigen, auch im Winter nahrungsreichen Gegenden nicht die besten sind, um sich fortzupflanzen. Der beste Ort, um sich zu ernähren, ist also nicht unbedingt der beste, um die neue Generation zur Welt zu bringen, und umgekehrt. So sind die Wandertiere zum Ziehen gezwungen, um extremer Hitze oder Kälte zu entfliehen und um ideale Bedingungen für die Fortpflanzung und genügend Nahrung für sich selbst und den Nachwuchs zu finden.

Für die Zugvögel, die im Frühling in Europa eintreffen, ergeben sich zwei große Vorteile. Zum einen finden sie in dieser Zeit in unseren Breiten eine Fülle von Blüten, Früchten und Insekten. Zum anderen werden die Tage länger: Sie haben also mehr Stunden Tageslicht zur Verfügung, um Nahrung zu sammeln. Das heißt, sie können in kurzer Zeit mehr Nahrung finden und dadurch vielleicht sogar mehr als eine Brut aufziehen. Würden sie dagegen in Afrika bleiben, hätten sie diesen ganzen Überfluss nicht. Wenn in Europa der Sommer zu Ende geht und der Winter naht, ziehen sie es vor, nach Afrika zurückzukehren, wo sie einen neuen „Frühling" vorfinden. Dasselbe gilt für viele andere Arten, die in andere Kontinente ziehen.

Man reist also, weil die Vorteile, die sich aus der Ankunft am Zielort ergeben, den Aufwand rechtfertigen: Man könnte sagen, dass die Wandertiere den wahrscheinlichen Tod in Kauf nehmen, um dem sicheren Tod zu entgehen.

Manchmal ist die Wanderung obligatorisch, weil die idealen Bedingungen für die Fortpflanzung in Gebieten herrschen, die dem Habitat der Tiere diametral entgegengesetzt sind. Denken wir nur an die Meeresschildkröten, die ihr Leben im Ozean verbringen, ihre Eier aber an Stränden ablegen, auf dem Trockenen. Oder die Lachse, die zum Laichen aus dem Meer die Flüsse hinaufziehen müssen.

Kurzum, die Wandertiere sind – ein Leben lang oder auch nur einmal, wie etwa die Lachse – zum Pendeln gezwungen. Sie wandern zyklisch und in regelmäßigen Abständen, stets entlang der gleichen Routen, eine Generation nach der anderen, zwischen einem genau festgelegten Ausgangspunkt und einem ebensolchen Ankunftsort hin und her. Die Wanderung definiert sich also nicht über die zurückgelegte Entfernung, die überschrittenen Grenzen oder die für den Ortswechsel benötigte Zeit. Sie ist lediglich ein jahreszeitliches und zyklisches Pendeln vom Fortpflanzungsgebiet in eine Gegend, in der sie gewöhnlich die restliche Zeit verbringen. Wann es jedoch den ersten wandernden Tieren in den Sinn kam, kreuz und quer über den Planeten zu ziehen, weiß man noch nicht. Der Ursprung der Wanderungen verliert sich im Dunkel der Vorzeit. Den plausibelsten Theorien zufolge sei das Phänomen der Wanderung im Neogen aufgekommen, jenem Abschnitt der Erdgeschichte, der vor über 2,5 Millionen Jahren zu Ende ging, und habe sich in den darauffolgenden Glazialphasen des Quartärs voll entwickelt. Seit der letzten Eiszeit, der Würm-Kaltzeit, die vor ungefähr 12.000 Jahren endete, seien die Routen dann mit der Konsolidierung des Klimas weitgehend gleich geblieben. Weitgehend – aber nicht völlig –, weil sie sich heute noch weiterentwickeln. Auch die Wandertiere müssen nämlich mit den jüngsten Klimaveränderungen fertigwerden, die das Gesicht der Erde verändern. So sind sie häufig gezwungen, ihr angestammtes Areal zu wechseln oder die Routen zu ändern, oder sie werden von der Temperatur in die Irre geführt und starten zu früh oder zu spät. Und das hat schwere Auswirkungen auf ihr Überleben.

Wir können aber sagen, dass das Phänomen der Wanderungen sehr wahrscheinlich schrittweise aufgetreten ist, in Etappen, und dass die Vorfahren der heutigen Wandertiere demnach sesshaft waren. Aus irgendeinem Grund – Klima oder Nahrung – haben wohl einige Populationen zu wandern begonnen und dabei nach den günstigsten Bedingungen gesucht, und die natürliche Auslese hat das ihre getan und sie unterstützt.

Die am besten untersuchte Tierklasse sind zweifellos die Vögel. Wohl deshalb, weil es Tausende von Arten gibt, viele mit vergleichbarem Verhalten, leicht zu sehen, zu beobachten und für Forschungszwecke zu züchten. Trotz allem konnte man noch nicht herausfinden, in welchem Teil der Erde die „sesshaften Vorfahren" der heutigen Zugvögel beheimatet waren. Dazu gibt es zwei gegensätzliche Theorien. Einigen Wissenschaftlern zufolge hätten sie in den Tropen gelebt und ihre Brutareale dann allmählich nach Norden verschoben, vielleicht nach dem Ende der Eiszeit. Für andere dagegen ist genau das Gegenteil eingetreten: Die Vorfahren hätten in gemäßigten Breiten gelebt und seien allmählich nach Süden gezogen.

Dieser Ansicht sind Forscher wie Benjamin Winger und Richard Ree von der Universität Chicago, die die Entwicklungsgeschichte der Ammern – einer Familie von kleinen Sperlingsvögeln, die Zugvögel und Standvögel umfasst – untersuchten, wobei sie sich auf die amerikanischen Arten konzentrierten. Sie kamen zu dem Schluss[1], dass die Familie ursprünglich aus Nordamerika stamme. Dann habe sie begonnen, immer weiter nach Süden zu fliegen, bis nach Südamerika, wohl um der kalten Jahreszeit zu entfliehen. Und so habe sie einerseits wandernde Arten, die Tausende Kilometer zwischen den beiden Kontinenten zurücklegen, und andererseits sesshafte Arten hervorgebracht.

Viele Zugvogelarten schaffen es, in wenigen Generationen zu Standvogelarten zu werden oder umgekehrt, was eine Regulierung auf genetischer Basis voraussetzt. Es gilt aber zum Beispiel keineswegs für die Meeresschildkröten. Dem bekannten amerikanischen Herpetologen Archie Carr zufolge sei bei der Wanderung der Grünen Meeresschildkröte *(Chelonia mydas)* von Brasilien zur Insel Ascension, wo sie ihre Eier ablegt, sogar die Kontinentaldrift im Spiel. In seiner im Wissenschaftsmagazin *Nature* veröffentlichten Untersuchung[2] vertrat Carr die Ansicht, dass vor Millionen Jahren, als die Vorfahren der Grünen Meeresschildkröten ihre Wanderungsmuster entwickelten, Afrika und Südamerika sehr viel näher

---

1 Benjamin M. Winger *et al.*, *Temperate origins of long-distance seasonal migration in New World songbirds*, in „Proceedings of the National Academy of Sciences", 2014, 111 (33), S. 12115–12120.

2 Archie Carr und Patrick J. Coleman, *Seafloor spreading theory and the odyssey of the green turtle*, in „Nature", 1974, 249, S. 128–130.

beieinander lagen als jetzt. Einige Populationen ernährten sich bevorzugt in Südamerika und pflanzten sich an den Stränden Afrikas fort. Während des allmählichen Auseinanderdriftens der Kontinente zu Beginn des Tertiärs waren diese Meeresreptilien gezwungen, immer größere Entfernungen zurückzulegen, wobei ihnen vielleicht die Insel Ascension zunächst als Zwischenetappe und dann als Endstation diente. Diese Theorie wurde jedoch nicht validiert und die Wanderung der Schildkröten bleibt weiterhin ein Rätsel.

Wir wissen also nicht viel darüber, wann und wie die Wanderungen begonnen haben; viel muss noch erforscht und verifiziert werden. Andererseits gibt es eine Menge Fragen, auf die wir zufriedenstellende Antworten gefunden haben.

Wie wissen die Wandertiere, wann es Zeit zum Aufbruch ist? Und wie schaffen sie es, sich zu orientieren und auf Kurs zu bleiben? Sie haben weder Navigationssoftware noch Kompass oder Uhr ... oder vielleicht doch? Sie haben etwas sehr Ähnliches, einzigartige Systeme, die im Lauf der Evolution und der Generationen verfeinert wurden.

Viele reisen allein oder in kleinen Gruppen, und in Gesellschaft zu reisen ist eine große Hilfe: Es verringert die Wahrscheinlichkeit, von Raubtieren angegriffen zu werden. Der Zeitplan dagegen wird hauptsächlich durch den Tag-Nacht(Zirkadian)- und den Jahresrhythmus reguliert, aber auch durch die Temperatur und hormonelle Faktoren, die alle zusammenspielen. Die Epiphyse, eine endokrine Drüse, die im Gehirn aller Wirbeltiere vorhanden ist, reagiert zum Beispiel sensibel auf die Fotoperiode. Das ist wesentlich, weil die Epiphyse das Hormon Melatonin produziert, das den zirkadianen Schlaf-Wach-Rhythmus regelt und die Tätigkeit der Eierstöcke beeinflusst. Eine andere Drüse, die Hypophyse, produziert hingegen Hormone, die von entscheidender Bedeutung für das Körperwachstum, die Fortpflanzung und das Funktionieren des Stoffwechsels sind. Dazu gehören die Gonadotropine und das Prolaktin, ein Hormon, das unter anderem bei den Wanderungen von Amphibien, wie den Salamandern und Molchen, eine Rolle spielt. Auch die Tätigkeit der Hypophyse wird durch Lichtreize reguliert, also durch die Tageslänge, sowie durch Temperaturschwankungen.

Dank der hormonellen Reize, die durch den Wechsel der Jahreszeiten und die Tageslichtdauer reguliert werden, wissen die Wandertiere also, wann es Zeit zum Aufbruch ist. Sie wissen aber auch, wie sie ihr Ziel erreichen. Der Bestimmungsort ist meistens der Strand, der Fluss, das Gebüsch oder der Meeresabschnitt, an dem sie geboren sind. Sie besitzen also eine ausgezeichnete Fähigkeit, „nach Hause" zurückzukehren: ein Prozess, den man *homing* nennt. Das heißt, sie prägen sich einige Faktoren ein, etwa den Geruch, die Position im Erdmagnetfeld oder auch optische Elemente, die – in nächster Umgebung – ihr Zuhause kennzeichnen. Und das tun sie unmittelbar, nachdem sie geboren wurden. Sie haben also eine Art Prägung *(imprinting)* im Hinblick auf den Geburtsort. Ein bisschen wie wir Menschen: Sobald wir unsere Haustür sehen, sind wir sicher, dass wir zu Hause angelangt sind, weil wir sie uns visuell eingeprägt haben. Auch den Geruch unseres Zuhauses erkennen wir sofort wieder. Würden wir aber eines Tages an unserem Treppenabsatz ankommen und eine neue Tür vorfinden, würden wir sicher einen Moment zögern. So ergeht es vielen Wandertieren: Wenn man optische Bezugspunkte in der Umgebung verschiebt, sind sie desorientiert und kontrollieren beharrlich, was da nicht stimmt. Das passiert sogar den Grabwespen, die keine Wandertiere sind, aber eine erstaunliche Fähigkeit zum *homing* haben.

Die Wandertierarten kennen also die Koordinaten ihres Zuhauses, dessen Aussehen und Geruch. Aber dorthin zu gelangen, indem sie der besten Route folgen, die in Jahren der Evolution optimiert wurde, ist ein anderes Paar Schuhe.

Wir können eine erste große Unterscheidung treffen, und zwar zwischen denen, die allein, und denen, die in Gruppen reisen. Einzelwanderer wie etwa viele Vögel brauchen den Kurs, dem sie folgen müssen, nicht zu lernen. Ihre Routen sind genetisch vorbestimmt:

Richtung und Entfernung, die bei jeder Etappe zurückzulegen sind, sind in die Gene „eingeschrieben". Kurz gesagt, das Wissen, wann sie „abbiegen" müssen, ist ihnen angeboren. Andere dagegen müssen die richtige Route lernen und tun dies kurz nach der Geburt, auf der ersten Reise gemeinsam mit den Eltern.

Um sich auf der langen Reise zu orientieren, nutzen Wandertiere verschiedene Anhaltspunkte. Hauptsächlich sind das die Sonne, die Sterne und das Erdmagnetfeld, mal nur einen davon oder auch alle zusammen. Erst wenn sie in die Nähe ihres Zuhauses kommen, vertrauen sie ihrem Seh- und Geruchssinn. Ein bisschen wie wir Menschen: Wenn wir in eine neue Straße kommen und die Hausnummer suchen, die man uns angegeben hat, tun wir das mit den Augen, auch wenn wir uns bis dahin mithilfe anderer Mittel orientiert haben. Oder wir merken zum Beispiel, dass wir uns einer Bäckerei nähern, wenn uns der köstliche Duft von frisch gebackenem Brot in die Nase steigt.

Vor allem die Vögel verwenden die visuelle Erinnerung auf der Reise manchmal wie eine Art *double check*. Die Route wird ständig anhand einer Reihe von optischen Anhaltspunkten überprüft: Zu ihnen zählen nicht nur Gebirgsketten und andere natürliche Landmarken, sondern auch von Menschen errichtete Bauwerke. Ein Beispiel: In Europa nistende Zugvögel nutzen die Autobahn A1 Mailand-Neapel in dieser Weise.

Wer tagsüber wandert und dabei die Sonne sehen kann, orientiert sich meist mithilfe eines Sonnenkompasses. Das bedeutet jedoch, dass er die scheinbare Bewegung der Sonne berücksichtigen und den Kurs entsprechend korrigieren muss. Wollte ein Tier im Morgengrauen, wenn die Sonne am Horizont steht, nach Norden aufbrechen, wäre seine Richtung durch einen Winkel von 90° zur Senkrechten des Gestirns bestimmt. Im Lauf des Tages ändert die Sonne aber infolge der Erdumdrehung ihre Position: Sie verschiebt sich scheinbar jede Stunde um 15°. Darum würde das Tier, wenn es einen Winkel von 90° zur Sonne beibehielte, ganz woandershin gelangen. Doch die Wandertiere, die auf den Sonnenkompass vertrauen, wie die Monarchfalter, sind hundertprozentig in der Lage, diese Variable zu berücksichtigen und den Kurs zu korrigieren, und kalibrieren den Kompass gemäß dem Tag-Nacht-Zyklus. Denn nur wenn sie die Tageszeit kennen, können sie sich genau orientieren. Wer dagegen nachts reist, nutzt das Himmelsgewölbe, so wie die meisten Zugvögel, die Meister in dieser Kunst sind. Seit 1970 testete eine Reihe von Forschern wie Gwinner, Sauer, Emlen[3] und Wilitschko[4] die Fähigkeiten dieser Vögel anhand von Käfigen mit künstlichen Planetarien. Sie entdeckten dabei, dass die Vögel sich anhand der Gestirne und Konstellationen orientierten, genau wie erfahrene Seeleute. Wurde das Planetarium um 180° gedreht, orientierten sich die Vögel genau in die Gegenrichtung. Wenn man also den Himmel statt um den Polarstern um Beteigeuze im Sternbild Orion kreisen ließ, wurde Beteigeuze zu ihrem Norden. Wurden aber die zirkumpolaren Sternbilder in der Nähe des Polarsterns, wie Großer und Kleiner Bär, Drache, Kepheus und Kassiopeia abgeschaltet, waren sie nicht mehr imstande, sich zu orientieren. Das bedeutet, dass sich die Vögel nicht die Anordnung der Sterne – die wir Konstellationen oder Sternbilder nennen – einprägen, sondern sich anhand der Bewegung der Sterne um einen Mittelpunkt orientieren. Sie wissen also nicht, dass er Polarstern heißt, doch sie wissen ganz genau, dass der Stern, der den Norden anzeigt, derjenige ist, um den alle Sternbilder kreisen. Das lernen sie in den ersten Lebenswochen, in den Sommernächten, wenn sie noch im Nest hocken, einfach indem sie mit himmelwärts gerichtetem Schnabel die scheinbare Bewegung des Firmaments beobachten.

Außerdem stützen sich die Vögel und andere Wandertiere, zum Beispiel die Meeresschildkröten, auf das Magnetfeld der Erde, das

3   Stephen T. Emlen, *Celestial rotation: Its importance in the development of migratory orientation*, in „Science", 1970, 170, S. 1198–1201; Id., *The ontogenetic development of orientation capabilities*, in „Animal Orientation and Navigation", S. 191–210. NASA SP-262, U.S. Gov. Print. Office, Washington D.C. 1972.
4   Peter Berthold, *Vogelzug: Eine Gesamtübersicht*, Darmstadt 2017.

vor allem bei spärlichem Licht verwendet wird: unter Wasser oder nachts[5]. Man könnte tatsächlich sagen, dass sich die Erde wie ein großer Magnet verhält, ein Dipol mit zwei magnetischen Polen, die etwas abseits von den geografischen Polen liegen. Die von den beiden Polen erzeugten magnetischen Kraftlinien bilden das Erdmagnetfeld, das für die Polarlichter und die Nordausrichtung unserer Kompassnadeln verantwortlich ist. Doch die Meeresschildkröten übertreffen unsere Kompasse noch: Sie können nicht nur die Nordrichtung bestimmen, sondern sind auch in der Lage, den Breitengrad zu berechnen. Das Erdmagnetfeld ist nämlich räumlich nicht gleichmäßig stark. An den Polen ist es stärker und am Äquator schwächer, und diese Reptilien können seine unterschiedliche Intensität wahrnehmen. Sie sind zudem imstande, den Neigungswinkel (Inklination) des Magnetfeldes zu bestimmen und somit den Breitengrad zu berechnen, an dem sie sich befinden, denn je nach Entfernung von den Polen treffen die Magnetfeldlinien in unterschiedlichen Winkeln auf die Erdoberfläche. Auf diese Weise verfügen sie über eine regelrechte Landkarte: Jeder Punkt auf dem Globus wird durch das Wertepaar Intensität und Neigung eindeutig ermittelt.

Wohin auch immer sie unterwegs sind, mit einem Magnet-, Sonnen- oder Sternenkompass wissen die Wandertiere mit Sicherheit, wie sie an ihr Ziel kommen. Ob in der Luft, zu Wasser oder zu Lande spielt keine Rolle: Es ist Zeit zum Wandern.

---

5 Susanne Åkesson und Anders Hedenström, *How migrants get there: migratory performance and orientation*, in „BioScience", 2007, 57, S. 123–133.

Teil I
Ein Leben im Flug

Kapitel 1
Das Versprechen der Wiederkehr

Am Ende des Winters unternehmen Millionen von Zugvögeln eine lange und gefährliche Reise und brechen in großer Eile in Richtung Norden auf. Sie starten vom Süden der Erde, von Afrika, wo sie die kalte Jahreszeit verbrachten, um im Frühling nach Europa zu ziehen oder nach Russland, ja bis nach Sibirien: in die sogenannte paläarktische Region. Von Süd- oder Mittelamerika bis hinauf in die Gebiete der Vereinigten Staaten und Kanadas. Oder auch vom Südosten Asiens, um nach Zentralasien zu gelangen oder bis zum nördlichen Polarkreis vorzustoßen.

Viele von ihnen sind kleine Singvögel, die kaum mehr als zehn Gramm wiegen und mehr als 10.000 Kilometer im Flug zurücklegen. Andere haben ein beträchtliches Gewicht und eine stattliche Körpergröße: Gänse, Greifvögel, Kraniche, Störche und Seevögel. Alle aber haben das Ziel, ein Versprechen zu halten, das „Versprechen der Wiederkehr"[6]: jedes Jahr an denselben Ort zurückzukehren, an dem sie geboren wurden, um ihrerseits zu nisten. Am Ende der Brutsaison starten sie dann erneut nach Süden, diesmal etwas gemächlicher, um an die Orte zurückzukehren, an denen sie den Winter verbringen: ihre Winterquartiere.

Die Wanderung der Vögel ist wahrscheinlich eine der eindrucksvollsten und seit jeher am besten untersuchten. Gerade deshalb haften ihr noch immer anthropozentrische Vorurteile an. Seit Aristoteles wurde sie als jahreszeitliche Erscheinung betrachtet, die

---

6   So nannte es Jaques Perrin in seinem Film *Nomaden der Lüfte. Das Geheimnis der Zugvögel* (2001).

jeweils im Frühling und im Herbst auftritt. Doch gemeint sind die Jahreszeiten der nördlichen Erdhalbkugel, also März bis Juni und September bis November; sie treffen auf die westliche Welt zu, in der auch die moderne Wissenschaft entstanden ist. In Wirklichkeit gibt es Arten, die bereits im Februar in den Brutquartieren eintreffen oder im August wieder wegziehen.

In unserer eurozentrischen Sicht bezeichnet man den nach Norden gerichteten Vogelzug vor der Paarung, den man im Frühling beobachten kann, auch gern als „Heimkehr" oder „Rückwanderung", da die Vögel zum Nisten nach Europa zurückkehren. Wenn die Vögel im Herbst nach der Paarung südwärts ziehen, sagt man dagegen, sie „zögen fort", eben weil sie Europa verlassen. Doch nur in unseren Breiten kann man dieses titanische Unternehmen zu diesen Zeiten beobachten: In Wahrheit sind die Zugvögel fast das ganze Jahr über unterwegs, praktisch ihr ganzes Leben lang.

Wie zum Beispiel der Sumpfrohrsänger *(Acrocephalus palustris)*, ein kleiner Sperlingsvogel, der sich in Europa fortpflanzt, in Sumpfgebieten und dichtem Schilf, den Winter aber im Süden Afrikas verbringt, zwischen der südafrikanischen Provinz Ostkap und Sambia. Wie lange ist er zwischen den beiden Kontinenten unterwegs? Nicht weniger als neun von zwölf Monaten des Jahres. Dabei muss er beim Hin- und Rückflug 20.000–25.000 Kilometer zurücklegen; nicht schlecht für eine Handvoll Federn und Flaum, die etwa 13 Gramm wiegt. Doch damit nicht genug: Um nach Europa zu gelangen, braucht er drei Monate, während er für die Rückkehr ins südliche Afrika nach der Brutzeit genau doppelt so lange braucht, nämlich sechs Monate. Obwohl die Strecke mehr oder weniger dieselbe ist. Warum also dieser große Unterschied? Die Antwort ist einfach: Im Frühling, bei der Wanderung vor der Paarung, hat er es eilig. Er hat keine Zeit zu verlieren, muss schnell fliegen und nur wenn unbedingt nötig kurze Pausen machen. Mit den Ersten einzutreffen bedeutet, sich den besten Nistplatz zu sichern, der mehr Nahrung bietet oder strategisch besser gelegen ist. Und man hat größere Chancen, einen Partner zu erobern. Kurzum, es gibt gute Gründe, sich zu sputen. Aufgrund dieser Hektik kann die „Heimkehr" sogar nur ein Drittel der Zeit in Anspruch nehmen wie die Reise in die entgegengesetzte Richtung. Ist nämlich die Brutzeit vorbei, besteht keine Eile mehr, in die Winterquartiere zu gelangen. Daher kann man bei den Wanderungen nach der Paarung längere Pausen machen und es (verhältnismäßig) gemütlich angehen lassen: Wir sprechen hier immerhin von einer der längsten, unvorhersehbarsten und gefährlichsten Reisen, die Lebewesen in Angriff nehmen.

Bei näherer Betrachtung zeigt sich, dass die Männchen es bei der Wanderung in die Brutgebiete noch eiliger haben als die Weibchen. Männchen und Weibchen – oder auch junge und erwachsene Tiere – der gleichen Art wandern also nicht unbedingt gemeinsam und halten auch nicht dieselben Zeitpläne ein. Wir haben es mit einer differenziellen Migration zu tun. Im Frühjahr wollen die Männchen so früh wie möglich ankommen, um ein Territorium zu erobern und es zu verteidigen. Die Weibchen treffen etwas später ein. Am Ende der Brutzeit sind es dagegen die Weibchen, die als Erste starten, während die Männchen noch einige Tage im Brutareal bleiben und ihr Territorium so lange wie möglich beschützen. Der Unterschied in den Ankunfts- und Abflugzeiten ist so auffallend, dass der Buchfink schon seit den Zeiten Linnés mit dem Namen *Fringilla coelebs* bedacht wurde: *coelebs* steht für „ledig", weil die Weibchen am Ende des Sommers zuerst starten und die Männchen allein lassen.

Die Protogynie, die vorgezogene Wanderung der Weibchen am Ende der Brutzeit, ist aber weniger häufig als die Protandrie, die frühzeitige Ankunft der Männchen im Frühling. Doch wie gelingt es den Männchen, die Brutquartiere vor den Weibchen zu erreichen? Sie fliegen nicht schneller und benutzen auch keine Abkürzungen. Ganz einfach: Sie „schummeln", indem sie eine kürzere Strecke reisen. Ihre Winterquartiere liegen nämlich näher an jenen für die Fortpflanzung, während die Weibchen weiter entfernt überwintern. In der Praxis verteilen sich die Vögel, die eine differenzielle

Migration durchführen, in den Winterquartieren auf drei Zonen, und zwar nach Alter und Geschlecht. Die erwachsenen Männchen besetzen den nördlichsten Streifen, der dem Brutareal am nächsten liegt; sodann folgen die erwachsenen Weibchen und die jungen Männchen, die einen dazwischenliegenden Streifen besetzen; das südlichste und am weitesten entfernte Areal schließlich wird von den Jungweibchen besetzt. Die erwachsenen Männchen sind also diejenigen, die insgesamt am wenigsten weit reisen, und so schaffen sie es, zuerst anzukommen und später abzufliegen. Kurz und gut, sie haben ihre Tricks.

In der Einleitung haben wir erklärt, dass die Migration eine jahreszeitliche, periodische und sich wiederholende Bewegung zwischen zwei verschiedenen Gebieten ist, in denen unterschiedliche Lebensfunktionen ablaufen. Und dass sie nicht anhand der zurückgelegten Entfernung definiert wird. Doch jede Regel hat ihre Ausnahme. Die Zugvögel kann man nämlich gerade im Hinblick auf die zurückgelegten Kilometer in zwei große Gruppen einteilen. Und zwar deshalb, weil das „Wandervolk" aus Tausenden von Arten besteht und man deshalb in den verschiedenen Untersuchungen versucht hat, jene mit ähnlichen ökologischen Merkmalen zusammenzulegen. Man unterscheidet daher in Langstrecken- und Kurzstreckenzieher. Langstreckenzieher sind Vögel, die zwischen 5.000 und 15.000 Kilometer pro Wanderung zurücklegen und dabei 100–200 Kilometer am Tag fliegen können. Zu dieser Gruppe von Ausnahmeathleten gehören jene Arten, die unterhalb der Sahara überwintern: die sogenannten Transsaharazieher wie die bereits erwähnten Schwalben und der Sumpfrohrsänger. Doch die Spitzenkönner dieser Kategorie sind die Seevögel, die bis zu 300 Kilometer am Tag herunterspulen, und ein kleiner europäischer Sperlingsvogel, der Gleiches zu leisten imstande ist: der Steinschmätzer *(Oenanthe oenanthe)*. Der Name mag zwar komisch klingen, doch dieser Vogel mit schwarz-weiß gefärbtem Schwanz und einem Gewicht von gerade einmal 25 Gramm unternimmt eine schier unglaubliche Reise. Von Subsahara-Afrika, wo er den

Winter verbringt, zieht ein Teil der Vögel nach Nordosten, um in Sibirien und Alaska zu nisten; dabei überqueren sie den gesamten asiatischen Kontinent. Der andere Teil fliegt nach Europa und teilt sich dann erneut in zwei Gruppen. Die eine bleibt in Europa, um dort zu nisten, die andere zieht nach Nordwesten 3.500 Kilometer über den Atlantik bis nach Grönland und in den Nordosten Kanadas[7]. Der Steinschmätzer nimmt keine Abkürzungen und bewältigt im Flug hin und zurück bis zu 30.000 Kilometer. Das Leben der Kurzstreckenzieher ist etwas leichter: Sie legen „nur" eine Strecke von 3.000–5.000 Kilometern zurück, pro Tag um die 50. Einen Sonderfall stellen jene dar, die in der Paläarktis nisten und zwischen Südeuropa und Nordafrika überwintern, ohne die Sahara zu überqueren. Wie der Hausrotschwanz *(Phoenicurus ochruros)*, das Schwarzkehlchen *(Saxicola torquatus)* und das berühmte Rotkehlchen *(Erithacus rubecula)*.

Vielleicht haben Sie bemerkt, dass sich im Winter in italienischen Gärten und öffentlichen Parks viele Rotkehlchen tummeln, während sie im Sommer dort kaum zu sehen sind?

Das Rotkehlchen nistet vorwiegend in Nordwesteuropa und überwintert im Mittelmeerbecken, einschließlich Italien. Darum ist es dort im Winter so zahlreich anzutreffen. Am Ende der kalten Jahreszeit geschieht dann das Unglaubliche: Der größte Teil der Rotkehlchen, der den Winter in Italien verbracht hat, bricht zum Nisten wieder nach Norden auf. Viele andere bleiben, genießen weiterhin den italienischen Sommer und nisten geradewegs im Belpaese. Wieso? Sie sind nicht nur Kurzstreckenzieher, sondern auch Teilzieher und gehören damit zu einer Kategorie von Vögeln, bei der ein Teil der Population Zugvögel und der andere Standvögel sind. Und damit nicht genug: Die Teilzieher können in wenigen Generationen entweder zu obligatorischen Zugvögeln oder zu totalen Standvögeln werden. So können sie, wenn sich die

---

7   Franz Barlein *et al.*, *Cross-hemisphere migration of a 25 g songbird*, in „Biology Letters",
     2012, 8, S. 505–507.

Umweltbedingungen ändern, von Mal zu Mal die passende Strategie wählen: bleiben oder ziehen. Dasselbe gilt für die Amsel *(Turdus merula)*, die in unseren Breiten weitgehend zu einem Standvogel wurde. Ihr Wandertrieb ist aber weiter im Erbgut verankert. So sind über 60 Prozent der europäischen Amseln Teilzieher, und wenn sie es nicht sind, tragen sie mit großer Wahrscheinlichkeit in ihrem Genotyp die Merkmale, um zu solchen zu werden. Bei ihren Reisen in alle Himmelsrichtungen sind die Vögel erstaunlich pünktlich. Einige halten Abflugzeiten oder Zieleinlauf so präzise ein, dass man sie zu Recht mit dem Beinamen „Kalendervögel" bedacht hat. Ein Beispiel ist der Dunkle Wasserläufer *(Tringa erythropus)*, ein hochbeiniger Wasservogel mit langem Schnabel, der zwischen Afrika und dem südlichen Asien überwintert und im hohen Norden Europas und Asiens brütet[8]: In 24 aufeinanderfolgenden Jahren tauchte er immer zwischen dem 1. und 8. Mai im finnischen Helsinki auf. Oder die Gartengrasmücke *(Sylvia borin)*, ein kleiner Sperlingsvogel, der im tropischen Afrika überwintert, in Europa nistet und 38 Jahre in Folge um den 1. Mai in Mitteleuropa eintraf[9]. Fast auf den Tag genau.

Trotz dieser enormen Präzision gibt es kein Signal, das allein den Startschuss zur Wanderung gibt. Es sind vielmehr eine Reihe von umweltbedingten und hormonellen, häufig voneinander abhängigen Faktoren, die die *Zugunruhe* auslösen, ein Begriff, der sogar in der amerikanischen Fernsehserie Heroes zitiert wurde.[10] Die Zugunruhe ist ein unruhiges Verhalten, das gut zu beobachten ist, wenn man einen Vogel am Wandern hindert: Hält man einen

---

8 http://datazone.birdlife.org/species/factsheet/spotted-redshank-tringa-erythropus/distribution

9 Peter Berthold, *Vogelzug: Eine Gesamtübersicht*, Darmstadt 2017.

10 Die Erzählstimme am Beginn der fünften Folge der ersten Staffel erklärt: „Wenn eine Veränderung eintritt, verspüren einige Arten das Bedürfnis zu wandern. Das nennt man Zugunruhe: das Drängen der Seele hin zu einem fernen Ort, einem Geruch im Wind, einem Stern am Himmel folgend … Die atavistische Botschaft veranlasst die Artgenossen, sich gemeinsam in die Lüfte zu erheben. Nur dann können sie hoffen, die bevorstehende strenge Jahreszeit zu überstehen."

Zugvogel im Käfig, wenn er eigentlich auf Reisen sein sollte, schlägt er die ganze Nacht mit den Flügeln und versucht sogar zu fliegen und dabei den richtigen Kurs zu halten.

Doch können wir auch den genauen Zeitpunkt bestimmen, an dem, wie in einem Dominoeffekt, die Serie der physiologischen Ereignisse beginnt, die schließlich die Wanderung auslöst? Nicht ganz. Wir wissen, wie schon gesagt, dass einige der zentralen Hormone für die Regulation des Zugdrangs von der Hypophyse und der Epiphyse produziert werden, zwei Drüsen, die sensibel auf die Fotoperiode reagieren. Daher können wir annehmen, dass die Sonnenwenden der Schlüssel sind: der kürzeste und der längste Tag des Jahres. Im Winter (21./22. Dezember, je nach Jahr) beginnt das Tageslicht zuzunehmen und gibt den Anstoß zu den hormonellen und physiologischen Reaktionen, die dann mit der Wanderung zum Brutgebiet enden. So wie zu Beginn des nördlichen Sommers (am 20. oder 21. Juni) die Tage wieder kürzer werden und damit auf das Nahen des Winters hinweisen. Ein Zyklus, der sich Jahr für Jahr wiederholt.

Ob Kurz- oder Langstreckenzieher, ob Teilzieher oder obligatorische Zieher, ob zuverlässig wie eine Schweizer Uhr oder nicht – um die Migrationsreise in Angriff zu nehmen und das Versprechen der Wiederkehr einzuhalten, brauchen die Zugvögel eine Strategie. Alle, ohne Ausnahme. Sie müssen sich genügend Energiereserven aneignen, die Brustmuskeln für den langen Flug trainieren, die Route, der sie folgen wollen, berechnen und anpassen, Raubtieren entkommen, Gefahren ausweichen und allenfalls von Zeit zu Zeit eine Rast einlegen. Zum Glück übernimmt fast alle diese Berechnungen das Erbgut, das Millionen Jahre Evolution geformt haben.

Zunächst müssen genügend Energiereserven angelegt werden, um die Reise in Angriff zu nehmen, genauso, wie wir noch mal an der Tankstelle halten, um vollzutanken, bevor wir losfahren. Die Vögel treten also in eine Phase, die man „Hyperphagie" nennt: Sie fressen mehr und öfter, wobei sie manchmal auch die Art der Ernährung komplett ändern. Auf diesem Gebiet sind die kleinen

Sperlingsvögel unschlagbar. Viele Insektenfresser werden zu Früchtefressern, bevorzugen Früchte und Beeren, wie etwa die des Schwarzen Holunders, die die Lipogenese, das heißt, die Fettproduktion fördern. Andere, wie die bereits erwähnten Sumpfrohrsänger, bleiben Insektenfresser, verspeisen aber andere Arten als sonst, zum Beispiel Blattläuse: Pflanzenläuse, die sich direkt vom zuckerhaltigen Pflanzensaft ernähren und daher die gleiche Wirkung wie Holunder haben. Kurz, sie steigen auf eine kalorienreiche Kost um, die erstaunliche Ergebnisse zeitigt. Innerhalb von ungefähr zwei Wochen gelingt es ihnen, genügend Reserven zu speichern, um die Wanderung in Angriff zu nehmen, wobei ihr Körpergewicht um 30–50 Prozent zunimmt. Wo bringen sie es unter? Damit haben sie dasselbe „Problem" wie wir: Das ganze Fett lagert sich am Bauch, an den Hüften, an der Brust und unter dem Hals ab. Die Abmagerungskur aber ist die Reise selbst: Sie werden das Fett buchstäblich als Treibstoff unterwegs verbrennen. Doch wenn man zunimmt, um Energie zu speichern, muss man auch die Muskelmasse steigern. Daher ist es wichtig, vor dem Abflug die Brustmuskeln zu stärken, um sich in der Luft zu halten. So trainieren die kleinen Sperlingsvögel wie im Fitnesscenter die Muskeln, indem sie im Stand oder auf kurzen Flügen mit den Flügeln schlagen. Und am Ende dieser ganzen Vorbereitungen sind sie dann richtig fette Athleten wie die Sumoringer.

Sie ändern also Körperform und Ernährung, vor allem aber stellen sie ihren Lebensrhythmus komplett um. Unvermittelt scheinen sie von Schlaflosigkeit befallen zu sein: Viele kleine Sperlingsvögel, die normalerweise Tagesvögel sind, wandern nun nachts und ruhen sich tagsüber aus. Sie sind nicht verrückt geworden; nachts zu wandern ist Teil einer lebenswichtigen Strategie. Es hilft ihnen, Energien für die Temperaturregelung zu sparen: In der glühenden Sonne zu fliegen würde die Körpertemperatur dieser kleinen Vögel gefährlich in die Höhe treiben. Außerdem weichen sie so den Raubvögeln aus. Wie viele große Zugvögel – Gänse, Kraniche und Störche – ziehen diese viel lieber bei Tag. Warum? Sie schleppen viel Gewicht mit sich herum, manchmal mehrere Kilo, und der für die Sperlingsvögel so typische Flug in der kühlen Nacht würde sie zu viel Energie kosten. Bei Tageslicht können sie dagegen die warmen Aufwinde nutzen. Wie geschickte Paraglider steigen diese großen Flieger auf und lassen sich von der Thermik in die Höhe tragen, und wenn diese aufhört, gleiten sie womöglich kilometerweit mit ausgebreiteten Flügeln bis zur nächsten Strömung. Und das Spiel beginnt von Neuem.

Die Migration ist aber vor allem eine gefährliche Reise voller Tücken und Risiken, die es zu bewältigen gilt: Raubtiere, Gegenwinde, Stürme, enorme Umweltbarrieren, wie Wüsten, Gebirgsketten, Meere und Ozeane. Manche müssen die Sahara, das Mittelmeer und die Alpen überqueren. Andere den Golf von Mexiko, den Indischen Ozean oder sogar den Himalaja. Normalerweise gilt nur eine Regel: die Barriere im Nonstop-Flug überwinden, nachdem man vorher Energien getankt hat.

Auch wenn die Wüste eine der unwirtlichsten Gegenden des Planeten schlechthin ist, so ist sie doch immerhin Festland. Sollten einem also die Kräfte für einen Nonstop-Flug ausgehen, kann man anhalten, um im Schatten eines Steines, einer Düne zu rasten oder in einer Oase den Durst zu löschen und zu fressen.[11] Auch die Gebirgsketten stellen kein unüberwindliches Hindernis dar: Man kann sie umfliegen, auch wenn sich damit die Strecke verlängert. Die geschicktesten Flieger dagegen schaffen es sogar, sie zu überwinden, indem sie in extreme Höhen steigen.

Gewöhnlich fliegen die Hälfte der Nachtzieher in einer Höhe von ca. 700 Metern, wenn sie sich über Festland befinden. Ungefähr 90 Prozent aller Zugvögel bewegen sich zwischen 1.400 und 2.000 Meter Höhe, aber um Turbulenzen oder Stürme zu überwinden und günstige Windströmungen zu finden, sind sie manchmal

---

11 Herbert Biebach, *Strategies of trans-Sahara migrants*, in „Birds Migration", 1990, S. 352–367; Janne Ouwehand und Christiaan Both, *Alternate non-stop migration strategies of pied flycatchers to cross the Sahara desert*, in „Biology Letters", 2016, 12.

gezwungen, bis auf 4.000 Meter zu steigen[12]. Wenn Gebirgsketten überwunden werden müssen, ist es unumgänglich, höher zu fliegen, in Ausnahmefällen bis auf 6.000–7.000 oder gar 10.000 Meter. Der Sauerstoffmangel in großer Höhe ist für die Vögel dabei kein Problem: Für den Sauerstofftransport im Blut sorgen verschiedene Hämoglobinarten. Der derzeitige Rekordhalter in puncto Flughöhe ist der Gänsegeier *(Gyps fulvus)*, der nicht weniger als vier Hämoglobintypen aufweist. Einer ist bis in eine Höhe von 11.300 Metern vorgedrungen und über der Elfenbeinküste mit einem Flugzeug zusammengestoßen. Trotz dieses einmaligen Falls sind die wahren Meisterinnen in der Kategorie „Höhenflüge" die Streifengänse *(Anser indicus)*, die in der Mongolei nisten und den Himalaja mühelos überfliegen. Sicher werden auch sie durch Höhenhämoglobine begünstigt (deren molekulare Grundlagen 2018 im Fachmagazin *PLoS Genetics* dargelegt wurden[13]), sie greifen aber noch auf einen weiteren Trick zurück und überfliegen die höchste Gebirgskette der Welt nicht in einer Höhe von 8.000–9.000 Metern, sondern nutzen die niedrigsten Stellen. Sie fliegen dabei meist in einer Höhe von 5.000–6.000 Metern und steigen höchstens bis auf 7.300 Meter auf.[14]

Die größte Herausforderung stellt jedoch das Meer dar. Ins Wasser zu stürzen bedeutet für alle Vögel den sicheren Tod, ausgenommen natürlich für Enten, Stelz- und Seevögel, die für das Leben im Wasser ausgestattet sind. Kein ziehender kleiner Sperlingsvogel ist jedoch in der Lage, zu schwimmen und wieder zu starten, wenn er einmal ins Meer gefallen ist. Dazu sind nicht einmal die großen Raubvögel oder die Störche fähig. Das liegt daran, dass keiner von ihnen sein Gefieder mit wasserabweisenden Substanzen und

---

12 Bruno Bruderer *et al.*, *Vertical distribution of bird migration between the Baltic Sea and the Sahara*, in „Journal of Ornithology", 2018, 159, S. 315–336.

13 Chandrasekhar Natarajan *et al.*, *Molecular basis of hemoglobin adaptation in the high-flying bar-headed goose*, in „PLoS Genetics", 2018, 14. https://doi. org/10.1371/journal.pgen.1007331.

14 Lucy A. Hawkes *et al.*, *The paradox of extreme high-altitude migration in barheaded geese Anser indicus*, in „Proceeding of the Royal Society B", 2012, 280.

Schmiermitteln imprägnieren kann. Deshalb saugen sich Federn und Flaum mit Wasser voll, die *barbulae* – winzige Fasern, die das Vexillum (die Federfahne) bilden – verkleben miteinander und die Federn haben nicht mehr die erforderliche Struktur, um Luftwiderstand zu bieten. Auch die Daunen saugen sich voll und lassen den unglücklichen Vogel vor Kälte sterben. Zudem bilden sich über dem Meer keine aufsteigenden Warmluftströmungen, die sich die großen Flieger zunutze machen könnten. Deshalb sind Meere und Ozeane – von seltenen Ausnahmen abgesehen – auf alle Fälle zu meiden. Man überfliegt, falls unbedingt notwendig, nur kurze Strecken davon, weicht ihnen aber, wenn möglich, vollständig aus.

Meister im Meiden des Mittelmeers sind die Weißstörche *(Ciconia ciconia)*, die in Mitteleuropa nisten. Diejenigen, die ihr Nest in Ostdeutschland oder noch weiter im Osten bauen, ziehen über den Bosporus oder die Dardanellen weiter nach Israel und Suez und landen zum Überwintern im Süden Afrikas. Störche, die in Westdeutschland und anderen Ländern Westeuropas wie Frankreich und Spanien brüten, fliegen über Gibraltar und überwintern etwas südlich der Sahara in Zentralafrika.

Der Nahe Osten und die Straße von Gibraltar sind zwei besonders wertvolle Durchgangsstraßen, die in der Tat von Dutzenden Arten großer Zugvögel – und nicht nur von diesen – benutzt werden, um das Mittelmeer zu umgehen. Es gibt jedoch noch einen dritten Weg, um das *Mare Nostrum* zu überqueren, und zwar einen natürlichen Korridor: Italien. Dieser weist seinerseits zwei „obligatorische Passagen" auf: die Straße von Sizilien und die Meerenge von Messina. In diesen Gebieten konzentriert sich auf (verhältnismäßig) engem Raum und für kurze Zeit eine Unmenge verschiedener Arten: Ornithologen bezeichnen diese strategischen Punkte zur Erforschung der Wanderungen und zum Sammeln von ökologischen, demografischen und genetischen Daten[15]

---

15 Thomas W. Sherry, *Identifying migratory birds' population bottlenecks in time and space*, in „Proceedings of the National Academy of Sciences", 2018, 115, S. 3515–3517.

gerne als *bottleneck* („Flaschenhals"). Hier strömen wie in einem Trichter alle Arten zusammen, die diesen Routen folgen; sobald sie den *bottleneck* hinter sich gelassen haben, gehen ihre Routen wieder fächerförmig auseinander.

Die Überquerung des Meeres ist eine gewaltige Anstrengung. Und nicht selten nehmen die Zugvögel – die gelernt haben, auch unsere Technologien zu ihrem Vorteil zu nutzen – für einen Teil der Überfahrt die Fähre. Wenn auf der Reise die Kräfte schwinden, etwa infolge von unvorhergesehenen Gegenwinden, muss man eine Rast einlegen. In diesen Fällen sind Inseln von unschätzbarem Wert. Kleine Landflächen, die, vom Salzduft umweht, aus dem tiefen Blau des Meeres auftauchen, sind für die Zugvögel regelrechte „Rettungsanker". Wie große Steine in einem Fluss oder Bach es uns Menschen ermöglichen, ans andere Ufer zu gelangen, ohne uns die Füße nass zu machen, fungieren auch die Inseln für die Zugvögel als *stepping stones*: „Trittsteine". Indem sie von einer Insel zur anderen „springen", schaffen sie es, das Meer zu überqueren und den Nistplatz zu erreichen. Auf den kleinen Inseln können sie rasten, sich vor Wetterunbilden oder Gegenwinden schützen und warten, bis sie nachlassen. Sie können Kräfte sammeln und ihre Energievorräte wieder auffüllen, die sie auf der Reise verbraucht haben. Bei Gegenwind nämlich verbrauchen die Zugvögel ihre Energiereserven, die sie in Form von Fett gespeichert haben, rasch; das geht manchmal so weit, dass sie sogar ihr eigenes Gedärm verdauen. Die Pause dient zum Auftanken, es halten aber nur die an, die es nötig haben. Wer in guter Verfassung ist, fliegt weiter, denn früh anzukommen erhöht vor allem für die Männchen die Chancen, sich erfolgreich fortzupflanzen.

Wer haltmacht, muss also Futter finden. Wenn Insekten rar und Beeren und Frühlingsfrüchte noch nicht reif sind, weichen die kleinen Sperlingsvögel auf den zuckerhaltigen Blütennektar aus. Im Gegensatz zu ihrem gewohnten sechsfüßigen Futter hat der Nektar viele Vorteile: Vor allem rührt er sich nicht vom Fleck und läuft nicht davon. Außerdem ist er leicht verdaulich und sehr energiereich: eine vollständige Mahlzeit bei minimaler Anstrengung. Sobald die Energiereserven aufgefüllt sind, sendet das Hormon Ghrelin das erste Signal: Es ist genügend Treibstoff vorhanden, um wieder zu starten. Der *Stopover* (die kurze Zwischenlandung auf dem Zug) ist zu Ende, die Reise geht weiter.[16] Gestartet wird wieder einzeln oder in kleinen Gruppen, die aus mehreren verwandten Arten bestehen können. Oder in riesigen und lärmenden Schwärmen einer einzigen Art, die in Formation fliegen und keilförmige oder V-förmige Figuren oder schräge Linien in den Himmel zeichnen. So machen es die Kiebitze *(Vanellus vanellus)*, Gänse, Enten und Kraniche *(Grus grus)*. Auch wenn die Schönheit und geometrische Perfektion dieser Schwärme unser Auge erfreuen, so ist ihr Zweck nicht die Choreografie: Man fliegt in dieser Anordnung, um Energie zu sparen.

Schon in den 1990er-Jahren erkannte man, dass der Energieverbrauch in diesen Formationen etwa 20 Prozent niedriger war. Die Ersparnis hängt allerdings von der Größe des Schwarms, seiner mehr oder weniger perfekten Form und dem Abstand zwischen den einzelnen Gruppenmitgliedern ab: Theoretisch könnte man in einer idealen Formation sogar bis zu 50 Prozent Energie sparen. Wie wählt man aber den Leader, also denjenigen, der die Gruppe an der Spitze des V führen soll? Eine neuere Studie, die im Mai 2018 in *Science* veröffentlicht wurde,[17] hat gezeigt, dass der Anführer nicht aufgrund seines Körperbaus bestimmt wird, auch nicht nach Alter oder Geschlecht. Er wird vielmehr ausschließlich nach seiner Fähigkeit, die aufsteigenden Warmluftströmungen zu nutzen, „auserwählt". Dank dieser können Störche nämlich bis auf eine Höhe von 4.000 Meter steigen und im Gleitflug 300 Kilometer am Tag

---

16 Sara Lupi *et al.*, *Physiological conditions influence stopover behaviour of shortdistance migratory passerines*, in „Journal of Ornithology", 2016, 157, S. 583- 589; Wolfgang Goymann *et al.*, *Ghrelin affects stopover decisions and food intake in a long-distance migrant*, in „Proceedings of the National Academy of Sciences", 2017, 114, S. 1956–1951.

17 Flack A. *et al.*, *From local collective behavior to global migratory patterns in white storks*, in „Science", 2018, 360, S. 911–914.

zurücklegen, wobei sie zehn Stunden ohne Unterbrechung fliegen. Der Leader hat also die Aufgabe, die thermischen Aufwinde zu finden, er ist der Erste, der auf sie trifft, und kann sie so lange nutzen, wie sie anhalten. Dadurch ist er derjenige, der von allen am meisten Energie spart. Der Rest der Gruppe, vor allem der hinterste Teil, ist dagegen langsamer und schafft es deshalb nicht, die ganze aufsteigende Luftsäule zu nutzen, sondern muss, um nicht zu weit hinter die anderen zurückzufallen, kurz nach dem Leader zu gleiten beginnen. Er hat aber noch nicht dessen Höhe erreicht und legt folglich weniger Kilometer im Gleitflug zurück. Alles in allem aber lohnt es sich.

Diese Strategien gelten allerdings nicht für die Seevögel, die ebenso beeindruckende Wanderungen zurücklegen. Es sind Sturmvögel, Sturmtaucher, Albatrosse, Lummen, die wunderschönen Papageitaucher mit ihrem bunten Schnabel und melancholischen Blick und viele andere. Sie alle halten sich die meiste Zeit des Jahres auf dem offenen Meer auf, wo sie kleine Fische fangen – Heringe, Sardinen, Sardellen – und nur zum Nisten an die Küsten der Inseln zurückkehren, die sich von Hawaii bis Island erstrecken. Jahr für Jahr finden sie Partner[18] und Nest wieder, und zwar in Kolonien von Millionen Individuen – was für Menschen absolut unmöglich wäre. Wie machen sie das? Sie erkennen ihr Zuhause am Geruch wieder[19] – oder besser am Gestank, denn die Nester dieser fischfressenden Vögel sind voller übelriechender Exkremente. Dennoch ist jene besondere Vertiefung in der Erde, jener kleine Tunnel oder Felsvorsprung für sie der romantischste Ort auf Erden; hier findet das Liebesspiel statt und nur hier werden die Eier abgelegt. Einige Glückliche wie die Albatrosse und die Seeschwal-

18 Francesco Bonadonna und Gabrielle A. Nevitt, *Partner-Specific Odor Recognition in an Antarctic Seabird*, in „Science", 2004, 306, S. 835.

19 Francesco Bonadonna *et al.*, *Evidence for nest-odour recognition in two species of diving petrel*, in „Journal of Experimental Biology", 2003, 206, S. 3719–3722; Andrew M. Reynolds *et al.*, *Pelagic seabird flight patterns are consistent with a reliance on olfactory maps for oceanic navigation*, in „Proceeding of the Royal Society B", 2015, 282, 20150468.

ben graben auf großen Grasflächen ein schalenförmiges Nest. Die weniger Glücklichen wie die Lummen sind richtige Gleichgewichtskünstler: Sie nisten an steilen Felswänden über dem Meer. Wie an der isländischen Klippe von Látrabjarg, dem westlichsten Punkt Europas, die auf einer Länge von etwas mehr als fünf Kilometern zwischen 60 und 400 Metern aufragt. Zu Beginn des Sommers wimmelt es in ihren Wänden von Trottellummen *(Uria algae)*, Eissturmvögeln *(Fulmarus glacialis)*, Tordalken *(Alca torda)* und Papageitauchern *(Fratercula arctica)*. Jede Art nistet in einer ganz bestimmten Höhe an der Felswand, außer den Papageitauchern, die oben auf der Klippe Höhlen ins Gras graben. Alle verwenden einen Trick, damit die Eier nicht aus ihren unsicheren Nestern in der überhängenden Wand rollen: Sie legen spitz zulaufende Eier. Meisterinnen in dieser Kunst sind die Lummen: Sie sind es, die das Geheimnis der perfekten Kegelform hüten. Worauf es ankommt, ist das Verhältnis zwischen Grundfläche und Länge des Eis, wie eine Untersuchung zeigte, die 2018 von einem Team der Universität Illinois mithilfe von 3D-Druckern durchgeführt wurde.[20]

Die Seevögel sind nicht nur Gleichgewichtskünstler, sondern stellen auch beeindruckende Langstreckenrekorde auf. Der Wanderalbatros *(Diomedea exulans)* legt auf der Suche nach Nahrung bis zu 500 Kilometer täglich zurück. In 200 Tagen segelt er 50.000 Kilometer weit über das offene Meer, zwischen dem Indischen Ozean und der Antarktis. Oder der Kurzschwanz-Sturmtaucher *(Puffinus tenuirostris)*, der auf seiner Wanderung jedes Jahr 30.000 Kilometer zurücklegt: Von September bis April nistet er in Tasmanien und von Mai bis August überwintert er inmitten der Wellen des Beringmeers und der Tschuktschensee. Und dabei ist noch nicht eingerechnet, dass er während des Nistens von Tasmanien bis in die Antarktis fliegt, um zu fressen und den Nachwuchs mit

---

20 Ian R. Hays und Mark E. Hauber, *A morphological analysis of avian egg shape in the context of displacement dynamics*, in „Journal of Experimental Biology", 2018, DOI: 10.1242/jeb.178988.

Futter zu versorgen. Und dann gibt es noch die Küstenseeschwalbe *(Sterna paradisaea)*, die den Weltrekord im Langstreckenziehen hält: 80.000 Kilometer auf der Reise zwischen Nord- und Südpol, auf verschiedenen Routen hin und zurück.

Wie wurden diese unvorstellbaren Strecken entdeckt? Dank verschiedener Untersuchungsmethoden, die es den Ornithologen ermöglichten, den Zugvögeln rund um den Erdball zu folgen, zumindest virtuell.

Kapitel 2
Wohin ziehen die Zugvögel?

Die Gletscherlagune von Jökulsárlón im Süden Islands ist ein surrealer Ort. Im Sommer bricht von der Gletscherstirn des Vatnajökull, der fast so groß ist wie ganz Korsika, ab und zu ein Eisblock weg. Er stürzt mit Getöse in die Lagune, wo Hunderte weiterer Eisberge schwimmen; sie sind reinweiß, tief himmelblau oder weisen schwarze Streifen von eingeschlossener Vulkanasche auf. Immer wieder tauchen Robben zwischen den Eisbergen auf und sehen sich neugierig um. Die schmelzenden und zerfallenden Eisbrocken werden von der Strömung in Richtung Meer gezogen, bis zu einem nahen Strand aus schwarzem Sand, wo durch einen schmalen Durchlass die Meereswellen in die Lagune schwappen. Im vielfarbigen Gras zwischen Strand und Lagune, das von Grün ins Orangerot spielt, verstecken sich Hunderte kleine flauschige Federknäuel: Es sind die Küken der Küstenseeschwalbe *(Sterna paradisaea)*, die warten, dass die Eltern kommen, um sie zu füttern.

Die ausgewachsenen Tiere starten und landen an den schalenförmigen, in die Erde gegrabenen Nestern. Sie bringen Heringe und andere kleine Fische, die sie im nahen Meer gefangen haben. Und wenn es jemand wagt, dem Nest zu nahe zu kommen, setzen sie schreiend zum Sturzflug an, um den Eindringling mit Schnabelhieben zu verjagen. Der Schnabel ist ihre einzige Waffe, denn sie haben keine besonders kräftigen Krallen. Sie wiegen kaum mehr als 100 Gramm, haben ein weißes bis graues Gefieder, einen schwarzen Kopf und einen langen, V-förmigen Schwanz wie die Schwalben. Mit ihrem leicht gebogenen Schnabel, der ebenso karminrot ist wie die Beine, können sie Raubtiere nur piksen.

Dieselbe Szene wiederholt sich von Alaska über Grönland, Island und ganz Nordeuropa bis Sibirien. Doch Fressfeinde, unbedachte Touristen und die Überfischung von Heringen und Sardinen sorgen dafür, dass die Brutzeit nicht immer optimal verläuft. So wie 2013, als in Vík í Mýrdal, einem Dorf an der Küste in 200 Kilometer Entfernung von Jökulsárlón, von einer Kolonie Küstenseeschwalben nur zwei Küken überlebten.[21] Für die isländischen Seeschwalben war das der schlimmste in 40 Jahren registrierte Sommer.[22]

Am Ende der warmen Jahreszeit – wie auch immer sie verlaufen sein mag – brechen Erwachsene und Jungvögel zur längsten Wanderung auf, die ein Tier überhaupt unternehmen kann: vom nördlichen Polarkreis in die Antarktis und zurück. Dass die Küstenseeschwalbe ein außergewöhnlicher Zugvogel ist, weiß man seit den frühen 1980er-Jahren: 1982 erreichte ein auf den Farne-Inseln im Norden Großbritanniens geborener Jungvogel Melbourne in Australien, wobei er in nur drei Monaten über 22.000 Kilometer zurücklegte. Erst mit der Zeit fand man heraus, dass dieser zierliche Seevogel noch viel längere Wanderungen unternimmt: 70.000–80.000 Kilometer jährlich im Schnitt, mit Spitzen über 90.000. Das heißt, eine Seeschwalbe kommt in den 20 bis 30 Jahren ihres Lebens auf eine Strecke von 2,5 Millionen Kilometern: Das entspricht drei Reisen hin und zurück von der Erde bis zum Mond. Die antiken Sagen lassen grüßen.

Warum legt sie derartige Entfernungen zurück und folgt einer S-förmigen Flugroute[23] über die Ozeane, statt den direkten Weg über die Kontinente zu nehmen? Von den arktischen Zonen startet sie nach Süden, folgt den Küsten Afrikas oder Amerikas, wobei sie 330 Kilometer am Tag zurücklegt und nur in Gebieten, die reich

---

21 Only two arctic tern chicks survive in Vík, in „Icelandic Review", 23. August 2013.
22 Dire news of Arctic tern nesting in Iceland, in „Icelandic Review", 7. August 2013.
23 Egevang Carsten et al., Tracking of Arctic terns Sterna paradisaea reveals longest animal migration, in „Proceedings of the National Academy of Sciences", 2010, 107, S. 2078–2081.

an Fischen und Zooplankton sind, haltmacht, um sich zu stärken. Den Winter verbringt sie in antarktischen Gewässern, einige stoßen auch bis nach Neuseeland vor, normalerweise aber halten sich alle mehr als 270 Tage am Südpol zwischen Wilkesland, das genau unterhalb von Australien liegt[24], und dem Weddellmeer unterhalb von Amerika auf. Ihr Bestes aber gibt sie auf der Rückreise: Dann schafft sie ungefähr 550 Kilometer am Tag. Der Rekord für die längste Wanderung überhaupt wurde 2016 von einer englischen Küstenseeschwalbe aufgestellt und bis heute nicht überboten: 96.000 Kilometer.[25] Nachdem sie am 25. Juli 2015 von den Farne-Inseln gestartet war, wo sich eine der größten Kolonien ihrer Art befindet, flog die englische Seeschwalbe entlang der Küsten Europas und Afrikas nach Süden, umkurvte das Kap der Guten Hoffnung und erreichte im Oktober den Indischen Ozean. Im November war sie in der Antarktis und im Februar 2016 im Weddellmeer, um dann am 4. Mai 2016 auf die Farne-Inseln zurückzukehren. Ein unschlagbarer Marathonflug.

Doch wie ist es überhaupt gelungen, die Lebensdauer dieser Vögel zu bestimmen, die Kilometer zu zählen und die Routen zu finden, denen sie folgen? Dank dreier erst in den letzten anderthalb Jahrhunderten entwickelter Techniken. Um sie zu verstehen, müssen wir ein wenig ausholen und uns zunächst nach Dänemark begeben. Hier verändert sich im Jahr 1890 dank Hans Christian Mortensen die Ornithologie für immer.

Der vierunddreißigjährige Mortensen, damals Direktor eines Gymnasiums in der Stadt Viborg und begeisterter Ornithologe, kennt die Vogelarten, die sich in seinem Garten aufhalten, in- und auswendig. Doch schon lange schwirren ihm ein paar Fragen durch den Kopf: Sind es immer dieselben Individuen, die jedes

24 Ruben C. Fijn, *Arctic terns Sterna paradisaea from the Netherlands Migrate record distances across three oceans to wilkes land, East Antarctica*, in „Ardea", 2013, 101, S. 3–12.
25 *Arctic tern makes longest ever migration – equal to flying twice around the planet*, in „The Guardian", 7. Juni 2016.

Jahr sein Anwesen aufsuchen? Und vor allem, wohin ziehen die Zugvögel? Nach langem Grübeln erinnert sich Mortensen an den merkwürdigen Fall einer Blässgans, die 1806 einem dänischen Privatsammler entkommen und viele Jahre später, nämlich 1835, von Jägern in Polen erlegt worden war. Wie hatte man sie wiedererkannt? Dank eines Messingbändchens, das sie am Hals trug. Doch ein „Halsband" war nicht die richtige Lösung für die anderen Vögel, insbesondere die Singvögel, die nun mal keinen Schwanenhals haben. Es brauchte etwas Kleineres, Leichteres.

Angeregt durch diese ungewöhnliche Episode, beschließt Mortensen, ein paar Stare *(Sturnus vulgaris)* zu fangen. Zum ersten Mal in der Geschichte der Ornithologie bringt er an ihrem Bein einen kleinen, handgeschmiedeten Ring aus Zink an, in den er die Aufschrift „Viborg 1890" eingraviert hat. Dann lässt er sie frei, voller Zuversicht, bald Nachrichten von seinen beiden Vögeln zu erhalten. Er wird nie etwas über ihr Schicksal erfahren, doch mit dem Verfahren hat er den Grundstein für die Vogelberingung zu wissenschaftlichen Zwecken gelegt: Diese Technik ermöglichte es endlich, den Wanderrouten auf die Spur zu kommen. Nach dem ersten Versuch von 1890 verfeinert der dänische Ornithologe seine Methode. Statt schwerem Zink nimmt er für die Ringe nun Aluminium. Und um seine Chancen zu erhöhen, versucht er möglichst viele Tiere zu markieren. So beringt er 1899 nicht weniger als 165 Stare. Ein Jahr darauf werden zwei wiedergefunden: einer in Holland, der andere in Norwegen. Wir sind im Jahr 1900, und nach zehn Versuchsjahren hat Mortensen endlich den Beweis, dass seine Methode funktioniert. Doch zwei wieder eingefangene Exemplare sind noch keine gültige Stichprobe, und so beschließt er, die Beringung an viel bejagten Arten auszuprobieren: den Enten. Er reist auf die Insel Fanø an der Westküste Dänemarks und beringt 102 Krickenten *(Anas crecca)*. Seine Intuition ist richtig: An die 20 Enten werden im Umkreis von 60 Kilometern von der Insel aufgefunden, ein paar weitere in Irland und in Spanien, im heutigen Doñana-Nationalpark.

Von da an lässt Mortensen nicht mehr locker: Er erprobt seine Technik an Störchen, Reihern, Möwen und allen möglichen anderen Vögeln und beringt in seinem ganzen Leben schließlich über 6.000 Vögel 33 verschiedener Arten. Seine Technik beginnt bei den europäischen Ornithologen Fuß zu fassen. Zu Beginn des 20. Jahrhunderts verbreitet sich die Beringungsmethode in ganz Nordeuropa und sogar auf der anderen Seite des Ozeans, in den Vereinigten Staaten. Und man kennzeichnet auf diese Weise nicht nur die Vögel, sondern erkennt auch immer besser, dass das Wiedereinfangen nach Tagen, Monaten oder Jahren wertvolle Informationen zum Vogelzug liefern kann. Das Verfahren revolutioniert die Ornithologie.

Über ein Jahrhundert, bis heute, hat sich die Beringung weiterentwickelt. Die Fangmethoden wurden den Arten und ihrem Habitat angepasst. Dasselbe geschah auch mit den Ringen, die in unterschiedlichen Legierungen und Größen hergestellt werden: Die Art bestimmt wesentlich, welcher Ring verwendet wird. Wird er um das Bein gelegt, gleicht der Ring eher einem Armreif, der frei gleiten und sich drehen kann. Von nun an kennzeichnet er das individuelle Tier in eindeutiger Weise dank der eingravierten alphanumerischen Markierung, die es nur einmal auf der Welt gibt. Auch die Beringungstechniken haben sich mit der Zeit verfeinert, um dem Tier so wenig Stress wie möglich zu bereiten: Behutsam, aber schnell erhebt der Beringer einige biometrische Daten und bestimmt den Gesundheitszustand jedes markierten Exemplars. Er schätzt die Fettreserven, prüft die Stärke der Brustmuskeln und das Gewicht und bestimmt Geschlecht und Alter, indem er das Gefieder untersucht. Alle diese Untersuchungen werden nach einem Standardverfahren durchgeführt; sobald sie abgeschlossen sind, wird das Tier unverzüglich freigelassen, und die gesammelten Daten werden in einer nationalen Datenbank registriert. Jedes Land hat seine Ringe und eine eigene Datenbank, mit deren Hilfe die Ornithologen ermitteln können, wenn ein von ihnen beringter Vogel anderswo eingefangen wurde, und so die genaue Stelle, das Datum und seinen Gesundheitszustand feststellen. In Europa kümmert sich das Institut Euring um die Standardisierung der Beringung zu wissenschaftlichen Zwecken und um die Speicherung der verschiedenen nationalen Datenbestände. 1963 gegründet, verfügt Euring heute über Daten aus 50 Jahren, die von 10.000 europäischen Beringern gesammelt wurden und die Geschichten von 15 Millionen in Europa beringten Vögeln erzählen.

In all diesen Jahren hat die Beringungstechnik viel mehr Fragen beantwortet, als sich Mortensen damals vorstellen konnte. Dank ihrer konnte man die Vogelzüge, Migrationsrouten und Umweltvorlieben der verschiedenen Arten, die Zeitabläufe, die Überwinterungs- und Brutquartiere, Rast- und Fressplätze rekonstruieren. Mithilfe der Ringe hat man zum Beispiel herausgefunden, dass die meisten Schwalben, die im Frühling in Europa nisten, den Winter in Nigeria verbringen.

Durch die Beringung war es auch möglich, Verhalten, Umweltbeziehungen und Physiologie der eingefangenen Arten näher zu erforschen, die Entwicklung der Vogelpopulationen und ihren Bruterfolg zu überwachen, ihre Mauserstrategien zu untersuchen sowie die Flugrekorde und die Lebensdauer der Arten zu bestimmen. So hat es Wisdom, ein Laysanalbatros-Weibchen *(Phoebastria immutabilis)*, als „ältester Vogel der Welt" zu einiger Berühmtheit gebracht: Wisdom wurde 1956 vom Ornithologen Chandler Seymour Robbins auf dem im Pazifischen Ozean gelegenen, zu Hawaii gehörenden Midway-Atoll beringt. Zu jener Zeit war sie bereits fünf Jahre alt. 2018 wurde sie, im ehrwürdigen Alter von 67 Jahren, erneut „Mutter".

Mit der Beringung konnte man sogar nachverfolgen, ob sich die Vögel orientieren, indem sie einem angeborenen Kompass folgen und eine vorgegebene Richtung einschlagen, oder ob sie zu einer echten Navigation imstande sind, also auch an ihr Ziel gelangen, wenn sie beim Start oder während der Reise an einen anderen Platz gebracht werden. Das versuchte der holländische Ornithologe

Albert Christiaan Perdeck[26] 1958 mit einem Experiment an Staren *(Sturnus vulgaris)* in Erfahrung zu bringen.

Im Herbst jenes Jahres bereiteten sich die Stare auf die Wanderung von den Brutquartieren im Nordosten Europas in die Winterquartiere im Westen vor. Sie mussten also nach Westsüdwest fliegen, um von Holland nach England zu gelangen. Perdeck fing 11.000 Stare ein und beringte sie, ließ sie aber nicht sofort frei. Er brachte sie erst in die Schweiz und ließ sie in Basel, Zürich und Genf frei. Damit hatte sich der Abflugort geändert: Würden die Stare den Angaben eines angeborenen Kompasses folgen und nach Westsüdwest steuern oder würden sie die Route ändern? Man entdeckte, dass das von einem einzigen Faktor abhing: dem Alter. Und somit von der Erfahrung.

Die jungen, im selben Jahr geborenen Stare behielten die angeborene Richtung bei: Sie zogen nach Westsüdwest und gelangten nach Spanien, wo sie den Winter verbrachten. Sie hatten eine Kompassrichtung eingeschlagen, ohne zu berücksichtigen, dass sie an einen anderen Ort gebracht worden waren. Die erwachsenen Tiere, die zumindest ein Mal in ihren englischen Winterquartieren gewesen waren, änderten dagegen auf Anhieb die Route: Sobald sie freigelassen wurden, starteten sie nach Nordwesten in Richtung England. Sie hatten bewiesen, dass sie zu einer echten Navigation imstande waren.

Noch überraschter war Perdeck jedoch von ihrem Frühlingszug zurück zum Brutareal. Diesmal waren auch die Jungvögel zu einer echten Navigation fähig. Sie flogen nicht einfach auf derselben Route zurück in die Schweiz, sondern schafften es, nach Holland zu gelangen, an den Ort, wo sie auf die Welt gekommen waren. Sie kehrten jedoch jeden Winter nach Spanien zurück, in dieselbe Gegend, in der sie ihren ersten Winter verbracht hatten, und riefen eine neue Population ins Leben. Perdeck wiederholte dieses Experiment auch

---

26 Albert C. Perdeck, *Two types of orientation in migrating starlings, Sturnus vulgaris L., and chaffinches Fringilla coelebs L., as revealed by displacement experiments*, in „Ardea“, 1958, 46, S. 1–37.

mit Buchfinken, und neuere Untersuchungen haben gezeigt, dass auch die amerikanischen Dachsammern *(Zonotrichia leucophrys)*[27], wenn man sie von einer Küste der Vereinigten Staaten an die andere verfrachtet, sich wie die Stare verhalten. Kurzum, mit Alter und Erfahrung navigiert man besser, und das gilt für viele Arten. Warum aber haben Perdecks Stare genau in jener Gegend im Nordosten Spaniens haltgemacht? Warum sind sie nicht weitergezogen, zum Beispiel nach Portugal? Es gibt nur eine Antwort: Es steht in den Genen geschrieben. Sie wissen von Geburt an, in welche Richtung und wie viele Kilometer sie ziehen müssen, und sie wissen auch, wann es Zeit ist, die Richtung zu ändern. Jede Etappe ist auch quantitativ von den Genen bestimmt. Das jedenfalls legen weitere Studien an Grasmücken und Störchen nahe.

Auch die europäischen Weißstörche ziehen, wenn sie das Mittelmeer überwinden müssen, um nach Afrika zu gelangen, in zwei verschiedene Richtungen, die in ihre Gene „eingeschrieben" sind. Die Regel ist einfach: Wer in Osteuropa geboren wird, zieht immer nach Osten, über die Dardanellen und den Suezkanal. Wer hingegen in Westeuropa zur Welt kommt, zieht westwärts über die Straße von Gibraltar. Es ist, als ob es eine Art „Grenze" gäbe, die die „Ostzieher" von den „Westziehern" trennt, und diese liegt in Deutschland. Den Beweis dafür, dass diese unterschiedliche Art zu ziehen angeboren ist, erbrachte der Ornithologe Holger Schulz[28], Leiter des Projekts *SOS Stork*. In den 1980er-Jahren beringte Schulz 144 in Ostdeutschland geborene junge Weißstörche und brachte sie in den Bereich der „Westzieher", wo er sie nach dem Abflug der örtlichen Störche freiließ. Fast alle beringten Störche umkurvten weiterhin das Mittelmeer und folgten der Ostroute, auch wenn die Strecke damit länger wurde. Sie folgten also der ihnen

27 Kasper Thorup *et al.*, *Evidence for a navigational map stretching across the continental U.S. in a migratory songbird*, in „Proceedings of the National Academy of Sciences", 2007, 104, 46, S. 18115–18119.

28 Holger Schulz, *Zur Situation des Weißstorchs auf den Zugrouten und in den Überwinterungsgebieten*, in „Proc. Internat. Sympos. White Stork (Western population)", Basel 1994, S. 27–48.

angeborenen Route. Nur wenn sie vor Abflug der örtlichen Population freigelassen wurden und Zeit hatten, sich einzugewöhnen, schlossen sie sich den Westziehern an.

Mit Mönchsgrasmücken *(Sylvia atracapilla)* und Gartengrasmücken *(Sylvia borin)* aber gelang der Nachweis, dass sowohl die Richtung als auch die Kilometer, die zurückgelegt werden müssen, endogen kontrolliert werden. Die Grasmücken nisten in Europa und überwintern unterhalb der Sahara, und ihre Route sieht zwei bis drei Richtungswechsel vor. Von Deutschland zum Beispiel ziehen sie zuerst nach Südwesten; wenn sie dann in Spanien sind, drehen sie nach Süden ab und ziehen schließlich, nachdem sie die Straße von Gibraltar überflogen haben, nach Südsüdost, um ihre Winterquartiere zu erreichen. Und das Außergewöhnliche ist, dass auch die in Käfigen gehaltenen Tiere ihre Flugrichtung ändern, und zwar zur gleichen Zeit, in der es die in Freiheit lebenden Artgenossen tun. Das wurde mit Emlen-Trichtern festgestellt, die für Untersuchungen über die Orientierung häufig verwendet werden. Diese trichterförmigen Käfige haben einen kreisförmigen Boden, der mit Tinte getränkt ist, die Seitenwände sind innen mit Papier ausgekleidet und den oberen Teil bildet gewöhnlich eine runde Glasscheibe. Wenn nun ein in Gefangenschaft gehaltener Zugvogel seine Zugunruhe an den Tag legt und im Käfig zu flattern beginnt, hinterlässt er seine Abdrücke auf dem Papier in jener Richtung, in die er zu fliegen versucht hat. Heute sehen diese „Orientierungskäfige" etwas anders aus, die Tinte wurde durch Tipp-Ex- oder Thermopapier ersetzt und die Bewegungen werden häufig durch Infrarot-Fotozellen analysiert, die auch die Intensität der Zugunruhe messen. Dennoch lässt sich immer noch nicht mit Sicherheit sagen, ob sich die Vögel, nachdem sie mehrere Kilometer geflogen sind, bei der Richtungsänderung auf den zirkadianen Rhythmus oder etwas anderes verlassen.[29]

---

29 Kasper Thorup und Richard A. Holland, *The bird GPS – long-range navigation in migrants*, in „Journal of Experimental Biology", 2009, 212, S. 3597–3604.

Wie erkennen sie, dass sie genau an dem Punkt angelangt sind, wo sie die Richtung ändern müssen, wie können sie sich dessen sicher sein? Dazu müssten sie die Koordinaten eines Ortes kennen. Die geografische Breite zu bestimmen ist relativ einfach: Sie lässt sich berechnen, indem man die Höhe des Polarsterns oder des Sonnenstands zu Mittag über dem Horizont misst. Wir können uns vorstellen, dass das auch die Vögel schaffen, die nachts ziehen und die Sterne als Kompass nehmen. Den Längengrad zu bestimmen bereitet jedoch weit größere Probleme. Nach einer 2017 in *Current Biology* veröffentlichten Studie verlassen sich die Vögel zur Bestimmung der Länge auf das Erdmagnetfeld.[30] Zumindest soll das der Teichrohrsänger *(Acrocephalus scirpaceus)* tun. Um dies zu beweisen, verwendete die von Nikita Chernetsov geleitete Forschungsgruppe die schon genannten Emlen-Trichter und steckte in jeden Trichter einen Rohrsänger, der startklar war, um von Russland, wo das Experiment stattfand, nach Südafrika aufzubrechen. Danach veränderten die Forscher das Magnetfeld rings um den Käfig, und zwar so, dass die Rohrsänger virtuell nach Schottland abgelenkt wurden. Wie haben sie das gemacht? Indem sie Merritt-Zellen verwendeten: einen Stromkreis mit vier Spulen, der ein kleines Magnetfeld erzeugt, das bekannt und gleichförmig und somit manipulierbar ist. Wie bei Perdecks Staren reagierten Jungtiere und erwachsene Tiere unterschiedlich. Die erwachsenen Vögel änderten ihre Flugrichtung und glichen die aufgezwungene magnetische Verschiebung aus, die im selben Jahr geborenen Jungen nicht. Bei ihnen setzte sich die angeborene Komponente durch.

Dank Sonnen-, Magnet- oder Sternenkompass, vor allem aber dank angeborener Fähigkeiten, schaffen es somit die Jungen zahlreicher Arten jedes Jahr, ihre Brutquartiere zu erreichen, also die erste große Migration ihres Lebens durchzuführen. Und zwar ganz allein, ohne Führung durch erwachsene Tiere und Eltern. Wie zum

---

30   Nikita Chernetsov *et al.*, Migratory eurasian reed warblers can use magnetic declination to solve the longitude problem, in „Current Biology", 2017, 27, S. 2647–2651.

Beispiel die Kuckucke *(Cuculus canorus)*, die ihre richtigen Eltern nicht kennen und ein echtes Lehrbuchbeispiel darstellen. Der Kuckuck ist nämlich ein Brutparasit: Er überlässt anderen die langwierige Aufgabe, seine Nachkommenschaft aufzuziehen. Das Kuckucksweibchen legt seine Eier in fremde Nester, besonders gerne in die der Rohrsänger. Es wartet, bis sich die Wirtsvögel entfernt haben, fliegt das Nest an, entnimmt ein Ei und ersetzt es durch ein eigenes von ähnlicher Farbe und Größe, um beim Rohrsänger keinen Verdacht zu erregen. Dann verschwindet es. Der junge Kuckuck aber, kaum dem Ei entschlüpft und noch federlos, stemmt ein „Geschwisterei" nach dem anderen aus dem Nest. Nachdem er seine Arbeit als Brutparasit erledigt hat, zieht er die ausschließliche Aufmerksamkeit von Mutter und Vater Rohrsänger auf sich, die dann ein Küken ernähren, das am Ende zehnmal so viel wiegt wie sie. Der Kuckuck lernt also die Zugroute weder von den leiblichen Eltern noch von den Adoptiveltern: Erstere kennt er nicht und die Zweiten überwintern meist in anderen Gegenden. Trotzdem findet er dank seiner angeborenen Fähigkeiten allein in den Süden Afrikas.

Das bedeutet aber nicht, dass sich die eingeschlagenen, genetisch vorbestimmten Routen niemals ändern. Natürliche Umweltbarrieren oder Gegenwind können die Zieher zum Abweichen zwingen. Laut einer 2016 veröffentlichten Studie, bei der die Zugrouten von 55 amerikanischen Vogelarten untersucht wurden, verfügen gerade die Langstreckenzieher bei ihren Zügen über mehr „Entscheidungsfreiheit". Je länger die Entfernungen sind, die sie auf dem Zug zurücklegen müssen, desto besser gelingt es ihnen, auf Umweltveränderungen zu reagieren, denen sie unterwegs begegnen.[31] Die Zieher sind also keine Roboter, die stur einem genetischen Programm folgen. Auch wenn endogene Reize die Orientierung regulieren, wird die Reise doch durch viele äußere und

---

31 Frank A. La Sorte und Daniel Fink, *Migration distance, ecological barriers and en-route variation in the migratory behaviour of terrestrial bird populations*, in „Global Ecology and Biogeography", 2016, 26, S. 216–227.

umweltbedingte Variablen beeinflusst: von den gewonnenen Erfahrungen bis zu den – manchmal anthropogenen – Gefahren, mit denen sie fertigwerden müssen. Eine davon ist die Lichtverschmutzung. Sie kann die Nachtzieher desorientieren, von ihren gewohnten Routen abbringen oder buchstäblich blenden und dabei auch Zusammenstöße verursachen. Eine im Oktober 2017 veröffentlichte Studie[32] hat zum Beispiel die Auswirkungen einer der auffälligsten Lichtinstallationen unseres Planeten bewertet: des *Tribute in Light*. Dabei handelt es sich um 88 in den Himmel gerichtete Suchscheinwerfer, die in der Nähe des World Trade Center aufgestellt wurden und deren Lichtsäulen die Zwillingstürme nachbilden, die am 11. September 2001 in New York eingestürzt sind. Das Werk war als vorübergehende Installation zum ersten Jahrestag des tragischen Flugzeugattentats gedacht. Dann aber beschloss man, sie jedes Jahr am 11. September zum Gedenken an die Opfer nachts wieder einzuschalten.

Laut der Arbeit ist die Belastung für die Zugvögel durch diese Lichtquelle allerdings nicht zu unterschätzen: Sie ruft bis in eine Höhe von 4.000 Metern merkliche Verhaltensabweichungen hervor. Wenn die Installation eingeschaltet ist, finden sich die Vögel zu größeren Schwärmen zusammen; dabei wird der Schwarm 20 Mal dichter als bei abgeschalteten Lichtern. Außerdem reduzieren sie beim Überfliegen der Zone die Fluggeschwindigkeit und segeln in kreisförmigen Flugbahnen. Das britisch-amerikanische Team hat daher empfohlen, die Lichter in Nächten mit intensivem Vogelzug auszuschalten oder zu dämpfen. Auf der gleichen Wellenlänge, könnte man sagen, bewegt sich eine 2018 in *Scientific Reports* veröffentlichte Untersuchung[33], die die Intensität der Lichtverschmutzung in den von 298 Nachtzieherarten genutzten und

32   Benjamin M. Van Doren *et al.*, *High-intensity urban light installation dramatically alters nocturnal bird migration*, in „Proceedings of the National Academy of Sciences", 2017, 114, S. 11175–11180.

33   Sergio A. Cabrera-Cruz *et al.*, *Light pollution is greatest within migration passage areas for nocturnally-migrating birds around the world*, in „Scientific Reports", 2018, 8, Nr. 3261.

überflogenen Gebieten analysiert hat. Sie berücksichtigte dabei auch ihren Gefährdungsgrad entsprechend den Roten Listen der Weltnaturschutzunion IUCN (International Union for Conservation of Nature). Wie zu erwarten, nahm die Lichtverschmutzung über städtischen Gebieten der nordwestlichen Hemisphäre zu, vor allem zwischen 30° und 45° nördlicher Breite. Überraschenderweise aber war sie ausgerechnet zu Zeiten des Vogelzugs am stärksten: Das kann für die Zugvögel, die das Lichtermeer überqueren müssen, ernste Folgen haben und bestätigt einmal mehr die Empfehlung, die Lichtverschmutzung in Nächten intensiven Vogelzugs zu reduzieren.

Doch wie lässt sich vorhersehen, auf welches Datum diese Nächte fallen? Nur über die Beringung lässt sich diese Frage sicher nicht beantworten. An dieser Stelle kommen Radaranlagen ins Spiel, die vor allem dazu verwendet werden, die Flughöhen zu bestimmen und quantitative Schätzungen der Schwärme vorzunehmen. Aber nicht nur: Dank eines Netzes von 143 Radarstationen konnte ein Team des Cornell Lab of Ornithology in Ithaca, New York – eines der weltweit wichtigsten ornithologischen Forschungszentren – berechnen, wie viele Zugvögel jeweils im Herbst und im darauffolgenden Frühling die Vereinigten Staaten von Amerika überfliegen. Die Ergebnisse wurden 2018 in *Nature Ecology & Evolution*[34] veröffentlicht.

Außerdem ist es Van Doren und Horton – Forschern der Universität Oxford und des Cornell Lab of Ornithology – gelungen, ein System zur Vorhersage der Migrationsströme der Vögel auf kontinentaler Skala zu entwickeln. Die im September 2018 in *Science*[35] veröffentlichten Resultate sind das Ergebnis von 23 Jahren Beobachtung, wobei die meteorologischen Daten mit jenen über die per Radar registrierte Intensität des Migrationszuges zusammengeführt

34   Adriaan M. Dokter *et al.*, *Seasonal abundance and survival of North America's migratory avifauna determined by weather radar*, in „Nature Ecology & Evolution", 2018, 2, S. 1603–1609.

35   Benjamin M. Van Doren und Kyle G. Horton, *A continental system for forecasting bird migration*, in „Science", 2018, 361, S. 1115–1118.

wurden. Das entwickelte Vorhersagemodell ist außergewöhnlich: Man kann mit ihm die Wanderungsbewegungen sieben Tage im Voraus und bis in eine Höhe von 3.000 Metern erfassen. Auf diese Weise lassen sich Zusammenstöße aufgrund von Lichtverschmutzung, starkem Flugverkehr, aber auch durch den Betrieb von Windkraftanlagen vermeiden; auch wenn Letztere saubere Energie produzieren, können sie für einige Zugvögel zur Gefahr werden. Mit dem Aufkommen der Satellitentechnologien wurden zur Untersuchung der Flugrouten neben Radaranlagen auch GPS-Sender genutzt. Ein Segen für die Forscher, da man damit die gesamte vom Tier zurückgelegte Strecke verfolgen kann. Auch ihr Einsatz wurde im Lauf der Zeit verfeinert, wobei verschiedene Typen zu unterscheiden sind.

Die GPS-*Logger* speichern in bestimmten Zeitabständen ziemlich genau die Koordinaten, in denen sich das Tier befindet, übertragen sie aber nicht. Deshalb wird dieses GPS-System vor allem für Arten verwendet, die dem Brutgebiet treu bleiben, da man zur Datengewinnung das damit ausgestattete Individuum wieder einfangen muss. Das Resultat ergibt sich dann aus einer Reihe von geografischen Punkten, die die Forscher miteinander verbinden müssen, um eine Strecke zu erhalten. Eine Art wissenschaftliches „Verbinde-die-Punkte-Spiel". Heute findet man auf dem Markt handliche Modelle, die knapp ein Gramm wiegen, also kaum zusätzliches Gewicht darstellen. Ihr großes Handicap: Sie sind sehr teuer. Deshalb kann man sie nicht wie die Ringe in großen Mengen verwenden.

Mittels eines anderen GPS-Typs, des sogenannten PTT *(Platform Transmitter Terminal)*, erhält man einen richtigen Verlauf: die vom Tier tatsächlich zurückgelegte Strecke. Und das nahezu in Echtzeit. Die Daten der Strecke (Koordinaten, Datum und Uhrzeit) werden in regelmäßigen Abständen erhoben und über Satellit äußerst effizient und genau übermittelt, sodass sie auch aus der Ferne am PC abgelesen werden können. Die Instrumente selbst sind allerdings schwerer und sperriger.

Solchen Vorrichtungen verdanken wir also die Aufzeichnung des Rekordzugs der Küstenseeschwalbe: 96.000 Flugkilometer.

Dank GPS gelang es einem Forscherteam des British Trust for Ornithology – des wichtigsten britischen Instituts für Vogelforschung –, die Überlebensrate von 42 männlichen Kuckucken auf ihrer Wanderung zwischen Europa und Asien zu ermitteln. Nach den 2016 in *Nature Communication* veröffentlichten Ergebnissen[36] benutzen die in England nistenden Kuckucke zwei verschiedene Routen, um nach Afrika zu gelangen und dort den Winter zu verbringen. Ein Teil steuert nach Südosten, zieht hinab nach Italien, überfliegt die Straße von Sizilien und durchschneidet die Wüste der ganzen Länge nach. Der andere wählt eine kürzere Route und zieht nach Westen: über Spanien und Gibraltar, unter Umgehung der Sahara. Doch gerade auf dieser kürzeren Route registrierte man eine erhöhte Sterblichkeit. Was war der Grund? Die Verhältnisse, die die Kuckucke an den Zwischenlandeplätzen in Spanien vorfanden, wo sie rasteten und sich stärkten. In den vier untersuchten Jahren litt das Land unter Trockenheit, es kam häufig zu Bränden und das Futter fehlte – vor allem Nachtfalterraupen und andere Insekten.

Mit derselben Technik gelang es 2009,[37] eine der spektakulärsten Wanderungen über den Ozean nachzuverfolgen: einen Marathon über 11.680 Kilometer im Nonstop-Flug, der acht Tage dauerte. Die außergewöhnliche Reise wurde von der Pfuhlschnepfe *(Limosa lapponica)* der Unterart *baueri* bewältigt: ein Zugvogel mit einem Gewicht von ungefähr 300 Gramm, der sich in Sumpfgebieten aufhält, in Alaska nistet und in Australien und Neuseeland überwintert, wobei er den Pazifischen Ozean in einem schier unglaublichen Nonstop-Flug überquert.

---

36 Chris M. Hewson, *Population decline is linked to migration route in the Common Cuckoo*, in „Nature Communications", 2016, 7, Nr. 12296.
37 Robert E. Gill *et al.*, *Extreme endurance flights by landbirds crossing the Pacific Ocean: ecological corridor rather than barrier?*, in „Proceedings of the Royal Society B, Biological Sciences", 2009, 276, S. 447–457.

Dank GPS kam man schließlich einem weiteren „unmöglichen" Unterfangen auf die Spur, das dem Amurfalken *(Falco amurensis)* gelungen ist: den Indischen Ozean zu überfliegen, obwohl er kein ausgesprochener Wasservogel ist. Dieser mittelgroße Raubvogel mit einem Gewicht von gut 150 Gramm ernährt sich von Insekten und Termiten und brütet in Ostasien, zwischen der Mongolei und Nordkorea: in der Mandschurei jenseits des Flusses Amur, nach dem er benannt ist. Zwischen Ende August und September verlassen Amurfalken in großen Schwärmen das Brutareal. Der Falke zieht nach Südwesten, durchquert China entlang des Himalaja, erreicht Nordostindien und Bangladesch. Hier bleibt er eine Zeit lang, um aufzutanken, bevor er zur letzten großen Etappe aufbricht: dem Flug über den Indischen Ozean bis ins südliche Afrika. Eine 3.000 Kilometer lange Reise, die Ende November beginnt und bis Ende Dezember dauert, und während der man ihn nicht selten auf den Malediven sichten kann. Dank Satellitentelemetrie ist es Andrew Dixon[38] 2011 gelungen, die beeindruckende Wanderung eines Amurfalkenweibchens 131 Tage lang zu verfolgen. Mithilfe der 58 empfangenen Positionen folgte er der Route durch China bis Bangladesch. Von da startete das Amurfalkenweibchen am 21. November. In drei Tagen erreichte es den Golf von Bengalen, und am 28. November befand es sich auf halbem Weg zwischen Indien und Afrika. In 176 Stunden hatte es ungefähr 3.500 Kilometer im Flug zurückgelegt, durchschnittlich 473 Kilometer am Tag, wobei es Tag und Nacht auf einer Höhe von mindestens 1.000 Metern über dem Meer flog und dabei die starken Winde nutzte, die von Indien nach Westen wehen. Noch außergewöhnlicher ist jedoch, dass es wahrscheinlich vor dem Start die Wanderung eines anderen Migranten abwartete: die der Wanderlibelle *(Pantala flavescens)*, seiner bevorzugten Nahrung vor Reisebeginn.

---

38 A. Dixon, N. Batbayar und G. Purev-Ochir, *Autumn migration of an Amur Falcon Falco amurensis from Mongolia to the Indian Ocean tracked by satellite*, in „Forktail", 2011, 27, S. 81–84.

Kapitel 3
Eine Frage von Generationen

Von Indien nach Afrika einer Libelle hinterher – so legt der Amurfalke den letzten Abschnitt seiner Wanderung zurück, im Flug mit dem Insekt, das sämtliche Rekorde für ein sechsbeiniges Tier gebrochen hat: die Wanderlibelle *(Pantala flavescens)*. Gerade einmal vier oder fünf Zentimeter lang, ist diese Art imstande, eine 14.000–18.000 Kilometer weite Reise von Ostasien nach Südafrika zu bewältigen.

Die Wanderlibelle wurde erstmals im Jahr 1798 von einem Schüler Linnés, dem Dänen Johan Christian Fabricius, beschrieben. Schon Ende des 19. Jahrhunderts[39] hatten ihre Wanderungen die Fantasie einiger Wissenschaftler angeregt. Doch erst 2009 gab es die ersten Beweise – und die ersten Erklärungen – für ihren Zug über den Indischen Ozean, als der Insektenforscher Anderson mit einer im *Journal of Tropical Ecology*[40] veröffentlichten Untersuchung nachweisen konnte, dass die Wanderlibelle regelmäßig eine Strecke von über 3.500 Kilometern im Flug über den Ozean absolviert, hin und zurück, also insgesamt mindestens 7.000 Kilometer. Seit Jahren hatte Anderson beobachtet, dass diese Libellen um den 21. Oktober auf den Malediven landeten und danach einfach verschwanden. Bis es ihm gelang, das Rätsel zu lösen: Sie waren auf Wanderschaft.

---

39 Robert McLachlan, *Oceanic migration of a nearly cosmopolitan dragon-fly (Pantala flavescens, F.)*, in „Entomologist's Monthly Magazine", 1896, 7, S. 254.

40 R. Charles Anderson, *Do dragonflies migrate across the western Indian Ocean?*, in „Journal of Tropical Ecology", 2009, 25, S. 347–358.

Die Wanderlibellen verlassen Indien im September und überqueren den Indischen Ozean, indem sie die Inseln in gleicher Weise wie die Vögel nutzen. Nach vier Monaten erreichen sie im Dezember Tansania und Mosambik, und im April machen sie sich schon wieder auf den Weg zurück nach Indien. Ihr genaues Timing richtet sich nach dem Monsun. Mit den kalten und trockenen Winden, die im Winter vom Himalaja in Richtung Südwesten blasen (Nordost-Monsun), brechen sie von Indien auf, wobei sie in einer Höhe von mindestens 1.000 Metern fliegen, und kehren beim Einsetzen der ersten Regenfälle, die der Sommermonsun bringt, zurück.

Warum aber nehmen sie eine so lange Wanderung auf sich? Sie folgen dem Monsunregen aus einem einzigen Grund: um sich fortzupflanzen. Wie alle Libellen, ist auch die Wanderlibelle auf Süßwasser angewiesen, um ihre Eier abzulegen, und dazu muss es einigermaßen warm sein: Die Wassertemperatur muss mindestens 15 Grad Celsius, besser noch 30 Grad betragen.[41] Deshalb folgt sie dem Monsun entlang zweier Kontinente auf einer Tour von 14.000–18.000 Kilometern, wobei sie sogar den Himalaja überfliegt, wahrscheinlich in einer Höhe von 6.000 Metern.[42]

Wenn der Nordostmonsun weht, der trockene Kälte bringt, bietet der Aufbruch die einzige Überlebenschance. Auch wenn das bedeutet, den Ozean zu überqueren. Viele sterben unterwegs, einige schaffen es, die Strecke ohne Zwischenstopps zu bewältigen, andere machen auf den Inseln halt, zuerst auf den Malediven und dann auf den Seychellen. Hier pflanzen sie sich fort, indem sie ihre Eier in Regenwasserpfützen legen. Die frisch geschlüpften Libellen schließen sich in einer riesigen, mehrere Generationen umfassen-

---

41 Yuta Ichikawa *et al.*, *Thermal factors affecting egg development in the wandering glider dragonfly, Pantala flavescens (Odonata: Libellulidae)*, in „Applied Entomology and Zoology", 2017, 52, 1, S. 89–95.

42 Keith A. Hobson *et al.*, *Isotopic evidence that dragonflies (Pantala flavescens) migrating through the Maldives come from the Northern Indian Subcontinent*, in „Plos One", 2012. https://doi.org/10.1371/journal.pone.0052594.

den Wanderung den Eltern an. Nach der Ankunft in Afrika erfolgt eine weitere Fortpflanzung, bevor sie wieder aufbrechen.

An der unglaublichen Reise, die die *Pantala flavescens* als echte Globetrotterin unternimmt, sind vier Generationen beteiligt. Nicht von ungefähr heißt sie auf Englisch *globe wanderer*. Wanderlibellen sind in der Tat eine kosmopolitische Art und auf der ganzen Welt verbreitet. Außer in Eurasien, wo es ihr wohl zu kalt ist. Zudem verhindern warme Wüstenwinde wie der Schirokko und der *Simùn* ihre Reise über das Mittelmeer, auch wenn diese Libelle in den letzten Jahren schon in Spanien, Kroatien und Bulgarien gesichtet wurde. Doch damit nicht genug. Anscheinend gehören alle Wanderlibellen der Welt – jene, die in Asien, Amerika und Afrika leben, einschließlich der wenigen, die in Europa gefunden wurden – zu einer einzigen riesigen, weltweiten Population. Den Beweis dafür soll eine Untersuchung der mitochondrialen, nur mütterlicherseits vererbten DNA geliefert haben. Laut einer 2016 in *Plos One* veröffentlichten Studie[43] haben selbst die geografisch entferntesten Individuen ein praktisch identisches genetisches Profil. Es gibt also keine Unterarten, und das kann nur eins bedeuten: Die langen Wanderungen zur Fortpflanzung mischen jedes Jahr das Erbgut dieser Art neu. Die *Pantala flavescens* ist demnach eine panmiktische Population, das heißt, jedes Individuum einer Population kann sich mit jedem des anderen Geschlechts mit gleicher Wahrscheinlichkeit paaren. Ein bisschen wie wir Menschen, die wir uns ständig neu mischen. Auch wenn einigen Wissenschaftlern diese Definition noch verfrüht scheint.[44]

Wie schafft es aber ein so kleines Insekt, derartige Strecken zurückzulegen? Das Geheimnis liegt in den Flügeln. Doppelt so lang wie der Körper, bis zu acht Zentimeter, und sehr breit, weisen sie

---

43 Daniel Troast *et al.*, *A Global Population Genetic Study of Pantala flavescens*, in „Plos One", 2016. https://doi.org/10.1371/journal.pone.0148949
44 Edward Pfeiler und Therese Ann Markow, *Population connectivity and genetic diversity in long-distance migrating insects: divergent patterns in representative butterflies and dragonflies*, in „Biological Journal of the Linnean Society", 2017, 122, S. 479–486.

eine perfekte Mischung aus Festigkeit, Biegsamkeit und Belastbarkeit auf.[45] Dank ihrer Beschaffenheit können die Wanderlibellen in der Luft gleiten und sich von den herrschenden Winden weit tragen lassen, um möglichst wenig Energie zu verbrauchen. Nachdem sie in die passende Höhe aufgestiegen sind, halten sie die Flügel still und lassen sich vom Wind treiben. Außerdem sind die Libellen mit einem Doppelpaar Flügel ausgestattet; ihre Struktur hat auch die Entwicklung leichter und aerodynamisch effizienter künstlicher Flügel angeregt.[46]

Allerdings können wir über die Wanderung der Odonata, also der zoologischen Ordnung der Libellen, noch immer wenig sagen. Von den über 3.000 bekannten Arten wandern mindestens 40, auch wenn sie nicht so gewaltige Entfernungen zurücklegen wie die Wanderlibelle. Sie gehören größtenteils zu den Gattungen *Libellula, Sympetrum, Tramea, Aeshna* und *Anax*. Aber auch zehn zu den Kleinlibellen (Zygoptera) zählende Arten wandern.[47] Zum Teil handelt es sich um Wanderungen zwischen verschiedenen Höhenstufen, etwa bei der roten japanischen Libelle *Sympetrum frequens*, die zwischen Russland, China und Japan lebt. Die etwa vier Zentimeter großen Individuen dieser Art kehren jedes Jahr zu den Reisfeldern in den Niederungen zurück, um ihre Eier abzulegen. Danach fliegen sie zurück in die Bergregionen, bis auf eine Höhe von 3.000 Metern[48], um dort den Sommer zu verbringen.

Andere dagegen sind Langstreckenwanderer, wie die Amerikanische Königslibelle, *Anax junius*, eine der häufigsten und am weitesten verbreiteten Libellen Nordamerikas und mit einer Länge von

---

45 Xiu-Juan Li et al., *Antifatigue properties of dragonfly Pantala flavescens wings*, in „Microscope Research & Technique", 2014, 77, S. 356–362.

46 Csaba Hefler et al., *Aerodynamic characteristics along the wing span of a dragonfly Pantala flavescens*, in „Journal of Experimental Biology", 2018, 221. DOI: 10.1242/jeb.171199

47 Philip S. Corbet, *Dragonflies: Behavior and ecology of Odonata*, Cornell University Press, Ithaca 1999.

48 Miyakawa K., *Autumnal migration of mature Sympetrum frequens (Selys) in western Kanto Plain, Japan (Anisoptera: Libellulidae)*, in „Odonatologica", 1994, 23, S. 125–132.

fast acht Zentimetern auch eine der größten. In den 1970er-Jahren erkannten einige Forscher, dass nicht alle Königslibellen wandern: Es gibt Standpopulationen und Wanderpopulationen, die auch beim Fortpflanzungszyklus unterschiedliche zeitliche Abläufe haben. Das Ablegen der Eier und das Schlüpfen der Larven erfolgt dabei mit einer Abweichung von einigen Monaten.[49] Die Tiere der sesshaften Populationen legen die Eier von Ende Juli bis Ende August ab. Nach dem Schlüpfen verbringen die Larven – Nymphen genannt – den Winter im Wasser und werden innerhalb eines Jahres geschlechtsreif. Die Wanderpopulationen dagegen haben einen viel kürzeren Zyklus: Sie legen ihre Eier im Juni ab und der Nachwuchs braucht nur drei bis fünf Monate, um sich vollständig zu entwickeln; er erreicht die Geschlechtsreife zumeist genau während der Wanderschaft.

Diese Art wandert nämlich zwischen Ende Juli und Mitte Oktober nach Süden, bis nach Mexiko und Texas. Sie tut dies hauptsächlich, um dem strengen nordamerikanischen Winter zu entgehen. In der winterlichen Kälte des Nordens könnten die Tiere nicht überleben.[50] Heute wissen wir, dass die Populationen im Schnitt 900 Kilometer zurücklegen, einige Individuen sogar bis zu 3.000 Kilometer.[51] Sie fliegen 60, maximal 140 Kilometer am Tag, wobei sie den Wasserläufen folgen. Während der Herbstmigration reifen die Geschlechtsdrüsen, in denen sich Eier bzw. der Samen bilden. Ihre Wanderung erfolgt in Intervallen: Nach jedem Flug legen sie drei Ruhetage ein.[52] Über die Frühjahrsmigration zurück

49   Michael L. May, *A critical overview of progress in studies of migration of dragonflies (Odonata: Anisoptera)*, with emphasis on North America, in „Journal of Insect Conservation", 2013, 17, S. 1–15.

50   Michael L. May *et al.*, *Emergence phenology, uncertainty, and the evolution of migratory behavior in Anax junius (Odonata: Aeshnidae)*, in „Plos One", 2017.

51   Michael L. May und John H. Matthews, *Migration in Odonata: An overview with special focus on Anax junius*, in A. Córdoba-Aguilar, *Dragonflies & Damselflies, model organisms for ecological and evolutionary research*, Oxford University Press, Oxford 2008, S. 63–77.

52   Martin Wikelski *et al.*, *Simple rules guide dragonfly migration*, in „Biology Letters", 2006, 2. DOI: 10.1098/rsbl.2006.0487

nach Nordamerika wissen wir jedoch kaum etwas: Es sind nur vereinzelte Sichtungen dokumentiert.

Die Insektenwanderung gibt noch viele Rätsel auf, einige Schlüsse können wir aber trotzdem ziehen. Flugfähige Insekten verfolgen eine ähnliche Strategie wie die Vögel: Sie nehmen ebenfalls vor der Wanderung an Gewicht zu, legen Ruhepausen ein und nutzen die Winde, und zwar in wesentlich ausgeprägterem Maße als die Vögel. Häufig gibt es innerhalb der gleichen Art sowohl Wanderpopulationen als auch Standpopulationen, wie bei den Teilziehern unter den Vögeln. Das Hauptmerkmal der Insektenmigration besteht jedoch darin, dass die ausgewachsenen Tiere aufgrund ihrer kurzen Lebensspanne meist keine vollständige Hin- und Rückmigration schaffen. Ihre Wanderschaft erstreckt sich deshalb über mehrere Generationen.

Zahlreiche Arten unternehmen eine solche Mehrgenerationenwanderung. Dies deshalb, weil das Erwachsenenstadium im Lebenszyklus der Insekten oft sehr kurz ist und nur wenige Tage oder Monate währt. Bevor sie Flügel bekommen und wandern können, verbringen sowohl die Libellen als auch die Heuschrecken, Schmetterlinge und Nachtfalter den Großteil ihres Lebens im Larven- und danach im Puppenstadium.

Das Wanderinsekt par excellence und seit der Antike wegen der Schäden an Kulturpflanzen, die es bei seinem Durchzug hinterlässt, berüchtigt, ist zweifellos die Heuschrecke. Insbesondere die in Afrika, Asien, Australien und Neuseeland verbreitete Wanderheuschrecke *(Locusta migratoria)* und die Wüstenheuschrecke *(Schistocerca gregaria)*, die vorwiegend in Afrika und Asien beheimatet und dermaßen gefürchtet ist, dass sie bereits in der Bibel als eine der sieben ägyptischen Plagen genannt wird. Diese Heuschreckenarten haben einen ganz besonderen Lebenszyklus: In der Trockenzeit sind sie Einzelgänger. Die Ankunft der Regenzeit und die Vegetationsentwicklung fallen dann mit der Eiablage und dem Beginn der Schwarmphase zusammen. Ihr Körper verändert sich, wird gedrungener, die Färbung des Kleides wechselt aufgrund eines

Pheromons, das die Melaninproduktion anregt und bewirkt, dass sie sich gegenseitig anziehen. So bilden sich riesige Schwärme von 40–80 Millionen Insekten pro Quadratkilometer, die mit einer Geschwindigkeit von 20 Kilometern pro Stunde fliegen. In 24 Stunden legen sie bis zu 130 Kilometer zurück und müssen dabei täglich ihr Eigengewicht an Pflanzen verspeisen. Eine zerstörerische Naturgewalt, die regelmäßig die Landwirtschaft bestimmter Länder heimsucht. Sie sind perfekte Flugmaschinen, die bei Bedarf Tausende Kilometer zurücklegen können. Auch wenn ihnen dabei manchmal Fehler passieren. Im Oktober–November 1988 unternahm ein Schwarm Wüstenheuschrecken den Versuch einer Atlantiküberquerung: ein Flug von Westafrika in die Karibik und bis nach Südamerika. Ungefähr 5.000 Kilometer, die zu einem völligen Debakel führten: Fast der ganze Schwarm starb im Meer und die Überlebenden konnten sich nicht mehr fortpflanzen.[53]

Auch Schmetterlinge (Lepidoptera) wandern. Allein in Indien kennt man mindestens 250 Schmetterlingsarten der Familien Pieridae (Weißlinge) und Nymphalidae (Edelfalter), die in Massen mit den wechselnden Monsunwinden wandern. Zum Beispiel der *Dark Blue Tiger*, der Dunkelblaue Tigerfalter *(Tirumala septentrionis)*, der zwischen den Gebirgszügen der Ost- und Westghats wandert, die sich an der V-förmigen Küste Indiens entlangziehen. Oder *Catopsilia pomona*, ein gelb und grün gefärbter asiatischer Falter, im Englischen *Lemon Emigrant* genannt, der regelmäßig nach Südindien zieht und dabei den Himalaja überwindet. Wanderschmetterlinge gibt es aber auch in Südostasien und in Australien, etwa den Tagfalter *Euploea core*[54], oder in Europa. Der Distelfalter *(Vanessa cardui)* zieht zwischen Nordafrika und Nordeuropa, bis Skandinavien; an der jährlichen Reise von rund 15.000 Kilometern

---

53 Ritchie M. & Pedgley D. E., *Desert locusts cross the Atlantic,* in „Antenna", 1989, 13, S. 10–12.

54 Kruchnamegh Kunte, *Species composition, sex-ratios and movement patterns in Danaine butterfly migrations in southern India,* in „Journal of the Bombay Natural History Society", 2005, 102, S. 280–286.

können bis zu sechs Generationen beteiligt sein.[55] Während man seine Herbstwanderungen schon länger kannte, wurde seine Frühjahrsmigration nach Afrika, bei der er die Sahara überquert, erst 2018[56] sicher nachgewiesen.[57]

Der bekannteste Wanderer unter den Schmetterlingen ist der Amerikanische Monarchfalter *(Danaus plexippus)*, der alljährlich eine 6.000 Kilometer lange Reise von Nordamerika nach Mexiko und zurück unternimmt. Allerdings absolviert der Monarchfalter trotz seiner Flügelspannweite von acht bis zehn Zentimetern nicht wie die Vögel mehrmals im Leben ganz allein eine Hin- und Rückmigration. Seine Wanderung, an der drei oder vier Generationen beteiligt sind, ist ein regelrechter Stafettenlauf, der von den Kindern, Enkeln und Urenkeln weitergeführt und abgeschlossen wird.

Sehen wir uns das etwas genauer an. In der Regel ist das Erwachsenenleben eines Insekts sehr kurz: gerade mal die Zeit, um sich fortzupflanzen, die Eier abzulegen und so den Fortbestand der Art zu sichern. Oft umfasst sie nur wenige Tage oder Wochen, wie das für drei der vier Generationen der Monarchfalter gilt. Nur die letzte Generation des Jahres, die im Herbst nach Süden wandert, hat das Privileg, sechs bis acht Monate zu leben.

Das Dasein dieser „Methusalem-Generation" beginnt als Ei, das im August im Norden der Vereinigten Staaten an der Grenze zu Kanada abgelegt wird. Nach nur acht Tagen schlüpfen aus den Eiern die Raupen (Larven), die sich nach fünf Metamorphosen innerhalb von ein paar Wochen verpuppen. Das heißt, sie hüllen sich in einen Kokon aus schillernder grüner Seide. Nach weiteren

---

55   Costantí Stefanescu *et al.*, *Multi-generational long-distance migration of insects: studying the painted lady butterfly in the Western Palaearctic*, in „Ecography", 2013, 36, S. 474–486.

56   Gerard Talavera *et al.*, *Round-trip across the Sahara: Afrotropical Painted Lady butterflies recolonize the Mediterranean in early spring*, in „Biology Letters", 2018, 14. DOI: 10.1098/rsbl.2018.0274

57   Gerard Talavera und Roger Vila, *Discovery of mass migration and breeding of the painted lady butterfly Vanessa cardui in the Sub-Sahara: the Europe-Africa migration revisited*, in „Biological Journal of the Linnean Society", 2017, 120, S. 274–285.

15 Tagen schlüpft aus der mittlerweile durchsichtig gewordenen Puppe das ausgewachsene Tier: der Schmetterling, den die Entomologen „Imago" nennen. Zu diesem Zeitpunkt ist es bereits September, und der Winter ist in jenen Zonen zu streng, um zu überleben. Somit sind die Monarchen zum Wandern gezwungen. Zwischen Sommerende und Herbstanfang beginnen 300 Millionen Schmetterlinge ihre Wanderung. Sie brechen in Richtung Süden auf, fliegen durchschnittlich 50 Kilometer am Tag und halten unterwegs nur an, um etwas Nektar zu saugen oder zu rasten.[58] Doch nicht alle ziehen an denselben Ort, um dort den Winter zu verbringen. Die im Nordosten und im Mittleren Westen der USA geborenen Schmetterlinge erreichen im November Florida und Mexiko. Die im Nordwesten der Vereinigten Staaten geborenen überqueren dagegen die Sierra Nevada und überwintern in Kalifornien.

Sobald sie ans Ziel gelangt sind, bieten sie ein einmaliges Schauspiel: Im Winterquartier in Mexiko versammeln sich in manchen Jahren mehrere Hundert Millionen Schmetterlinge auf wenigen Hektar Fläche. Dabei überwuchern sie buchstäblich die Baumstämme und färben sie orangerot. Sie verbringen in über 450 Waldgebieten dieser Staaten den Winter, indem sie in eine Ruhephase übergehen, die man „Diapause" nennt. Um der Kälte zu trotzen, nehmen sie Eiweiße, Fett und Zucker auf; sie reduzieren den Sauerstoffverbrauch und stellen jede Fortpflanzungstätigkeit ein. Erst Anfang Februar, wenn die Sonne wieder mindestens elf Stunden täglich scheint, beenden sie die Diapause, paaren sich und brechen im März wieder in Richtung Norden auf. Während der Frühjahrsmigration machen die befruchteten Weibchen halt, um die Eier abzulegen. Diese zweite Generation, ihre Kinder, hat eine durchschnittliche Lebensdauer von sechs Wochen und zieht nach Norden weiter. Sie bringt ihrerseits eine dritte Generation hervor

---

58 Andrew K. Davis *et al.*, *Identifying large- and small-scale habitat characteristics of monarch butterfly migratory roost sites with citizen science observations*, in „International Journal of Zoology", 2012, S. 1687–8477.

(die Enkel), die im Juli die Grenze zwischen USA und Kanada erreicht und die Reise abschließt. Dort pflanzen sich die Enkel im August abermals fort und setzen neue Wanderer in die Welt, die den Zyklus von vorn beginnen. In den Süden zieht also eine einzige Generation sehr langlebiger ausgewachsener Tiere. Zurück in den Norden ziehen im Frühling hingegen mindestens zwei oder drei Generationen, und dafür gibt es einen Grund. Bei jeder Fortpflanzung vervielfacht sich die Population: Jedes Weibchen legt bis zu 500 Eier ab, von denen rund 25 zu Schmetterlingen werden, die sich erneut fortpflanzen. Auf diese Weise ist sichergestellt, dass die „Methusalem-Generation" – die die längste und gefährlichste Reise in Angriff nimmt – so zahlreich wie möglich ist.

Die komplexe Migration des Monarchfalters wurde seit den 1930er-Jahren beobachtet. Heute wird sie mithilfe des Radars erforscht[59], so wie die der Vögel. Oder mit besonderen „Tags": kleine runde Aufkleber, so groß wie der Radiergummi am Ende eines Bleistifts, die mit einem Code versehen sind und unter dem Flügel angebracht werden. Sie haben dieselbe Funktion wie die Beringung der Vögel: jedes Individuum eindeutig zu identifizieren. Mit solchen Tags markierte ein Team der Universität Washington zwischen 2012 und 2016 fast 15.000 Individuen. So konnte es Startorte und Ziele der Population ermitteln, die zum Überwintern nach Kalifornien zieht. Laut den Ergebnissen der 2018 veröffentlichten Studie[60] benutzt diese Population besondere ökologische Korridore. Entlang dieser Routen wachsen ihre Nahrungspflanzen, die Seidenpflanzengewächse *(Asclepiadoideae)*, auf denen sie ihre Eier ablegen und von denen sich die Raupen ernähren. Für die Spezialisierung auf diese Pflanzenfamilie gibt es mehrere gute Gründe. Seidenpflanzen sind nicht nur nahrhaft, sie enthalten auch Carde-

---

59   Jason W. Chapman *et al.*, *Long-range seasonal migration in insects: mechanisms, evolutionary drivers and ecological consequences*, in „Ecology Letters", 2015, 18, S. 287–302.
60   David G. James *et al.*, *Citizen scientist tagging reveals destinations of migrating monarch butterflies, Danaus plexippus (L.) from the Pacific Northwest*, in „Journal of the Lepidopterists' Society", 2018, 72, S. 127–144.

nolide. Diese zu den Herzglykosiden gehörenden Pflanzenstoffe haben starke Auswirkungen auf den Herzschlag und den Natrium-Kalium-Austausch in den Zellmembranen. Die Raupen assimilieren diese Verbindungen und werden dadurch im Erwachsenenstadium, als Schmetterlinge, für viele Fressfeinde unverdaulich. Das orangerote und schwarze Kleid des Monarchfalters ist somit aposematisch: Es signalisiert dem Raubtier, dass die Beute giftig ist.

In den letzten Jahren ging es den Monarchfaltern aber nicht gut. Die Art, die ihren Namen König Wilhelm III. von England, Prinz von Oranien, verdankt, schwindet zusehends. Wie die jüngsten Daten zeigen, halten sich immer weniger Schmetterlinge in den Wäldern Mexikos auf, wo der Großteil der Population des Mittleren Westens überwintert.[61] 2013 war das schlimmste Jahr des letzten Vierteljahrhunderts, viel hängt dabei von der Klimaveränderung ab: Der Monarchfalter ist eng an bestimmte meteorologische Verhältnisse gebunden, die typisch für milde Klimata sind. Der Hauptgrund scheint aber der Rückgang der Seidenpflanzen zu sein,[62] die zwischen 1995 und 2013 aufgrund des Einsatzes von Pestiziden und der Art der Bodennutzung um 21 Prozent abgenommen haben.

Dieser Schmetterling ist jedoch nicht der einzige, der bei der Migration seinen Nahrungspflanzen folgt. Auch ein madagassischer Nachtfalter tut dies: die Schmetterlingsmotte *(Chrysiridia rhipheus)*, die dem Lebenszyklus dreier Arten von Wolfsmilchgewächsen aus der Gattung *Omphalea* folgt und dabei in Schwärmen von Tausenden Individuen vom Laubwald an der Westküste zum Regenwald an der Ostküste Madagaskars zieht.

Auch das zu den Nachtfaltern gehörende Taubenschwänzchen *(Macroglossum stellatarum)* wandert. Weil sein Flügelschlag eine

---

61 D. T. Tyler Flockhart *et al.*, *Regional climate on the breeding grounds predicts variation in the natal origin of monarch butterflies overwintering in Mexico over 38 years*, in „Global Change Biology", 2017, 23, S. 2565–2576.

62 D. T. Tyler Flockhart *et al.*, *Unravelling the annual cycle in a migratory animal: breeding-season habitat loss drives population declines of monarch butterflies*, in „Journal of Animal Ecology", 2015, 84, S. 155–165.

Frequenz von 70–80 Schlägen pro Sekunde erreicht, wird es auch Kolibrischwärmer genannt. Es ist von Portugal bis Japan verbreitet und im Mittelmeerraum sesshaft. Die Populationen Zentralasiens und Osteuropas wandern jedoch, um im Süden Asiens beziehungsweise in Nordafrika zu überwintern. Doch wie orientieren sich die Insekten? Wie wissen sie, wohin und wann sie ziehen müssen, zumal sich ihre Wanderungen oft über mehrere Generationen erstrecken? Noch gibt es keine vollständigen und endgültigen Antworten. Für die Monarchfalter zum Beispiel wurde eine Art „genetisches Gedächtnis" vermutet, ähnlich der Kompassrichtung der jungen Stare von Perdeck. Die Fähigkeit zu einer echten Navigation scheint dagegen nicht vorhanden zu sein:[63] Sie sind nicht in der Lage, die Route neu zu justieren, wenn sie an einen anderen Ort gebracht werden. Andere, 2009 in *Nature* und *Science* veröffentlichte Studien haben bestätigt, dass auch der Monarchfalter dem Sonnenkompass folgt.[64] Und schließlich könnten sowohl der Monarchfalter als auch andere Insekten sich an Landmarken orientieren, so wie die Vögel: geografischen Bezugspunkten wie Berge, Seen und Flüsse, die von oben gut zu sehen sind.

Ein Insekt, das ob seines außergewöhnlichen Orientierungsvermögens alle in Erstaunen versetzt, ist der in Australien beheimatete Bogong-Falter *(Agrotis infusa)*, der zweimal im Jahr eine Nachtwanderung von 1.000–1.500 Kilometern pro Strecke unternimmt. Drei bis fünf Zentimeter groß, legt dieser Nachtfalter seine Eier zwischen Süd-Queensland und New South Wales ab. Von dort bricht der Bogong Anfang September, wenn die Fortpflanzungssaison zu Ende ist und der australische Frühling vor der Tür steht, zu seiner Reise in den Süden auf, um die Australischen Alpen zu

63 Henrik Mouritsen et al., *An experimental displacement and over 50 years of tag-recoveries show that monarch butterflies are not true navigators*, in „Proceedings of the National academy of Sciences", 2014, 110, S. 7348–7353.
64 Christine Merlin et al., *Antennal circadian clocks coordinate sun compass orientation in migratory monarch butterflies*, in „Science", 2009, 325, S. 1700–1704; Charalambos P. Kyriacou, *Unraveling Traveling*, in „Science", 2009, 325, S. 1629–1630.

erreichen. Und mit beeindruckender Präzision findet er Jahr für Jahr, von Generation zu Generation, stets dieselben Höhlen in einer Höhe von ungefähr 2.000 Metern wieder. Dort verbringen die Falter den gesamten australischen Sommer, an die Höhlenwände geklammert, die sie vollständig bedecken: Sie erreichen dabei eine Dichte von 17.000 Individuen pro Quadratmeter. Am Ende des Sommers starten sie zwischen Februar und April wieder in Richtung Norden, um an die Fortpflanzungsstätten zurückzukehren, sich zu paaren, Eier abzulegen und schließlich zu sterben. Die nächste Generation macht es ebenso.

Dieses Phänomen war bereits der indigenen Bevölkerung bekannt, die sich jedes Jahr versammelte, um die Falter zu Hunderten zu verspeisen: Sie galten als fett- und proteinreiche Delikatesse.[65] Sogar die Berge wurden in der Dhudhuroa-Sprache nach den Nachtfaltern benannt. Bei den Olympischen Spielen in Sydney im Jahr 2000 sorgten die Tiere für Aufsehen, als sie in die Stadt einfielen und sich in dichten Schwärmen an die Wolkenkratzer klammerten.

Wie aber kann ein so kleines Tier mit einem derart primitiven Nervensystem so zuverlässig das Ziel erreichen, einen Ort, an dem es noch nie zuvor gewesen ist? Forscher der schwedischen Universität Lund lüfteten das Geheimnis 2018 mit einem in *Current Biology* veröffentlichten Artikel.[66] Sie entdeckten nämlich, dass sich diese Nachtfalter wie die Zugvögel anhand des Erdmagnetfeldes orientieren. Laut den Forschern verwenden die Bogong-Falter einen Magnetkompass, um die einzuschlagende Richtung festzulegen, dann gleichen sie diese Richtung mit einem Bezugspunkt am Himmel oder auf der Erde ab, der ihnen als optisches Signal dient.

---

65 I. F. B. Common., *Migration and Gregarious aestivation in the Bogong Moth, Agrotis infusa*, in „Nature", 1952, 170, S. 981–982.

66 David Dreyer *et al.*, *The Earth's magnetic field and visual landmarks steer migratory flight behavior in the nocturnal australian Bogong moth*, in „Current Biology", 2018, 28, S. 2160–2166.

Kapitel 4
Jenseits der Dunkelheit

Nachtfalter und Stechmücken sind die bevorzugte Nahrung europäischer Fledermäuse; in Sommernächten schaffen sie es, 2.000 und mehr Insekten zu vertilgen, die sie im Flug fangen. Die *Chiroptera* – das ist ihr wissenschaftlicher Name – sind nämlich die einzigen Säugetiere, die dank eines Paars Flügel den Luftraum aktiv erobert haben.

Im Gegensatz zu den Vögeln, die im Lauf der Evolution einen Teil ihrer Finger verloren, behielten die Fledermäuse sie. Und wurden gerade durch sie „beflügelt". Ihre Fingerglieder wurden lang und fein und entwickelten sich zum perfekten Gerüst für eine Membran aus elastischer Haut, die dünn und gut durchblutet ist: die Flughaut. Der Daumen ist kurz und weist nach vorne, der Zeigefinger bildet den vorderen Außenrand des Flügels und die übrigen drei Finger stützen den Mittelteil, der seitlich am Körper ansetzt. Das Resultat ist ein Flügel von unverwechselbarer Form, der selbst von Superhelden wie Batman geschätzt wird.

Das heißt aber nicht, dass die Flügel der verschiedenen Fledermausarten alle gleich sind. Breite, rundliche Flügel eignen sich am besten, um durch den Wald oder die Stadt zu flattern, die langen und spitz zulaufenden eignen sich für freies Gelände und große Entfernungen. Und das ist nur eine von zahlreichen wichtigen Unterscheidungen. Die Flattertiere bilden nämlich unter den Säugetieren die zahlenmäßig zweitgrößte Gruppe nach den Nagern: Man zählt über 1.300 Arten, die weltweit verbreitet sind, mit Ausnahme der Pole. Nicht alle fressen Insekten, es gibt Arten, die lieber Früchte, Pollen oder Blütennektar mögen, andere bevorzugen

Frösche, Fische, kleine Säugetiere oder Vögel und manche sogar das Blut von größeren Säugetieren und Vögeln. Kein Menschenblut also, außer in seltenen Fällen. Zu diesen „Vampirfledermäusen" zählen aber nur drei Arten, und alle leben in Süd- oder Mittelamerika.

Sodann gilt es, mit einem weiteren Mythos aufzuräumen: Fledermäuse sind nicht blind, sie können sehr gut sehen. Doch für die Insektenjagd im Dunkeln ist es praktischer, einen „sechsten Sinn" einzusetzen, den die Wissenschaftler „Echoortung" nennen. Diese Tiere können für uns meist unhörbare Ultraschallwellen aussenden, also Schallwellen mit einer Frequenz von über 20 kHz. Im Kehlkopf erzeugt, aus dem Mund oder den Nasenlöchern der Fledermaus ausgestoßen, werden die Ultraschallwellen von der Oberfläche der Hindernisse, auf die sie treffen, zurückgeworfen und kehren als Echo in das Ohr des Senders zurück. Auf diese Weise kann die Fledermaus die genaue Entfernung zwischen sich und der Beute oder dem Hindernis bestimmen und deren Position erkennen.

Nicht alle Arten jedoch nutzen diesen sechsten Sinn in gleicher Weise. Die Frequenz der Ultraschallwellen, ihre Modulation und auch das Emissionsintervall sind von Art zu Art verschieden und stellen so etwas wie einen vokalen Fingerabdruck dar. Die Europäische Bulldoggfledermaus *(Tadarida teniotis)* sendet gleichmäßige „Zips" in einer Frequenz von 9–13 kHz aus, die auch wir Menschen hören können. Andere verwenden dagegen modulierte Frequenzen, wie bei einer Solfeggioübung: Das heißt, sie stoßen „Zips" aus, die rasch von 100 auf 20 kHz abfallen oder um ein paar kHz ansteigen, auf einer bestimmten Frequenz bleiben und dann wieder absteigen. Wozu dient das alles? Um besser zu „sehen". Ultraschallwellen mit höherer Frequenz geben mit höchster Präzision ein detailliertes Bild wieder, haben aber nur eine Reichweite von wenigen Metern, jenseits derer die Fledermaus „blind" ist. Dazu dient das Modulieren. Das weiß die Wasserfledermaus *(Myotis daubentonii)* gut, die diese Technik einsetzt, um auf der

Wasseroberfläche sitzende Insekten zu schnappen, ohne selbst ins Wasser zu fallen. Oder die Fransenfledermaus *(Myotis nattererii)*, eine geschickte Spinnenjägerin. Es ist übrigens nicht gesagt, dass diese Ultraschallwellen immer mit der gleichen Kadenz ausgestoßen werden; so steigert sich der Rhythmus, wenn die Fledermäuse jagen. Das Konzept ist einfach: Das Ausstoßen von Ultraschallwellen ist für die Fledermäuse wie eine Art blinkender Lichtstrahl. Je näher sie dem Objekt kommen, desto schneller „machen sie das Licht an oder aus". Auf diese Weise sehen sie die Beute und deren Bewegungen besser und haben größere Chancen, sie zu fangen.

Bei der Vielfalt der Arten dieser Gruppe gibt es einige, die diesen „sechsten Sinn" nicht brauchen. Es sind die unter dem Namen Flughunde bekannten Fledermäuse mit großen Augen und einem ausgeprägten Geruchssinn, die sich von Früchten und Nektar ernähren. Nur einer von ihnen, der Nilflughund *(Rousettus aegyptiacus)*, setzt eine der Echoortung ähnliche Methode ein, indem er mit der Zunge am Gaumen schnalzt und mit den Flügeln Töne erzeugt.[67]

Nicht alle Fledermäuse also fressen Insekten und bedienen sich der Echoortung. Vor allem aber sind nicht alle sesshaft: Einige Arten wandern und sie tun dies aus verschiedenen Gründen.

Sie ziehen im Herbst und im Frühling und wählen dabei für jede Lebensphase, sei es die Fortpflanzung oder die Überwinterung, den geeigneten Platz. Die Tiere brauchen eine gewisse Temperatur und einen gewissen Feuchtigkeitsgrad, um kopfüber hängend einen ruhigen Winter zu verbringen. Darum wandern sie über mehr oder weniger lange Strecken, um eine Winterunterkunft zu finden, die alle erforderlichen mikroklimatischen Voraussetzungen hat. Die europäischen Arten der Wanderfledermäuse sammeln im Sommer genügend Fett an und brechen im Herbst nach Südwesten zu den Winterunterkünften auf. Im Winterschlaf fahren sie den Stoffwechsel und die Atem- und Herzfrequenz drastisch herunter:

---

67 Arjan Boonman *et al.*, *Nonecholocating fruit bats produce biosonar clicks with their wings*, in „Current Biology", 2014, 24, S. 2962–2967.

Von 200–300 Schlägen pro Minute reduziert sich ihr Herzschlag auf nur zehn Schläge pro Minute, während die Körpertemperatur von 38–40 Grad auf nahezu null sinkt – ein Zustand, bei dem das Herz anderer Säugetiere aufhören würde zu schlagen. So senken die Fledermäuse ihren Energieverbrauch um 98 Prozent und überleben die Wintermonate, bevor sie im Frühling in die nahrungsreicheren Gegenden zurückkehren, um ihren Nachwuchs aufzuziehen.

Auch für die Fledermäuse ist die Migration eine anstrengende und gefährliche Reise, deshalb muss sie einen „Gewinn abwerfen": Sei es, dass man an einem ruhigen Ort im Winterschlaf möglichst viel Energie spart oder in den Sommergebieten durch reichliche Nahrung „belohnt" wird.

So zieht die Rauhautfledermaus *(Pipistrellus nathusii)*, ein kleines Waldflattertier, das von Frankreich bis zum Kaukasus verbreitet ist, 2.000 Kilometer weit in den südlichsten Teil ihres Areals, um ein geeignetes Winterquartier zu finden. Doch auf seinem Zug ist dieses 15 Gramm schwere Flattertier inzwischen durch die Windkraftanlagen an den Küsten der Ostsee gefährdet. Eine 2017 von einem finnischen Forscherteam in *Acta Chiropterologica*[68] veröffentlichte Untersuchung hat festgestellt, dass diese Art die Küstenlinie als ökologischen Korridor nutzt: Bei der Wanderschaft fliegt sie lieber entlang der Küste als über das Landesinnere. Eine weitere, überwiegend im Wald lebende und wandernde Fledermausart, der Große Abendsegler *(Nycatlus noctula)*, begegnet den gleichen Schwierigkeiten entlang der Ostseeküsten[69]. Im Herbst zieht er aus einer Zone seines Areals bis zu 1.600 Kilometer weit in eine andere: Er startet von den Gebieten im Nordosten, wo er die Jungen zur Welt bringt, und wandert nach Südwesten, wobei er Europa überquert, um in die Paarungs- und Winterschlafgebiete

68 Asko Ijäs *et al.*, *Evidence of the migratory bat, Pipistrellus nathusii, aggregating to the coastlines in the Northern Baltic Sea*, in „Acta Chiropterologica", 2017, 19, S. 127–139.

69 Jens Ridell und Andreas Wickman, *Bat activity at a small wind turbine in the Baltic Sea*, in „Acta Chiropterologica", 2015, 17, S. 359–364.

zu gelangen. Dasselbe macht sein „Vetter", der Kleine Abendsegler *(Nyctalus leisleri)*, und wahrscheinlich auch der Riesenabendsegler *(Nyctalus lasiopterus)*. Dieser ist der Größte der drei, erreicht ein Höchstgewicht von ungefähr 70 Gramm und ist sogar imstande, während der Herbstwanderung kleine Sperlingsvögel wie Rotkehlchen und Blaumeisen zu jagen, wie die italienischen Forscher Dondini und Vergari im Jahr 2000 beobachteten.[70]

Diese wandernden Arten verbringen den Sommer in den Ländern Nordeuropas (Finnland, Polen, Ostdeutschland), um dann in ihre Winterquartiere in Frankreich, der Schweiz und den Mittelmeergebieten zu ziehen, wobei sie einer genauen Route folgen. Im Frühling ziehen sie auf derselben Route in die entgegengesetzte Richtung.

Außerdem gibt es Arten, die Höhenwanderungen zwischen den Sommer- und Winterquartieren durchführen. Sie steigen auf und ab, wie zum Beispiel die Natal-Langflügelfledermaus *(Miniopterus natalensis)*, die entlang der Hänge des Kilimandscharo wandert, eines der höchsten erloschenen Vulkane der Erde. Die etwa zehn Zentimeter lange Fledermaus steigt zwischen Mai und Juli in größere Höhen, um den Winter auf der südlichen Halbkugel im Winterschlaf zu verbringen. Bei diesen Wanderungen bewältigt sie Höhenunterschiede von bis zu 400 Metern,[71] wobei sie eine maximale Höhe von rund 2.000 Metern erreicht.

Eine der spektakulärsten Wanderungen unternimmt die Mexikanische Bulldoggfledermaus *(Tadarida brasiliensis)*, die ungefähr zehn Zentimeter lang ist, bis in Höhen von 3.000 Metern fliegen kann und dabei Geschwindigkeiten von bis zu 160 Stundenkilometern[72] erreicht. Diese Art, die an einem Teil des Schwanzes

---

70 Gianna Dondini und Simone Vergari, *Carnivory in greater noctule (Nyctalus lasiopterus) in Italy*, in „Journal of Zoology", 2000, 250, S. 233–236.

71 Christian C. Voigt *et al.*, *The third dimension of bat migration: evidence for elevational movements of Miniopterus natalensis along the slopes of Mount Kilimanjaro*, in „Oecologia", 2014, 174, S. 751–764.

72 Gary F. McCracken *et al.*, *Airplane tracking documents the fastest flight speeds recorded for bats*, in „Royal Society Open Science", 3, 2016. DOI: 10.1098/rsos.160398.

keine Flughaut hat, ist vom Süden der Vereinigten Staaten bis Argentinien verbreitet, wandert aber vorwiegend in ihrem nördlichen Areal. In Südamerika ist sie weitgehend sesshaft, auch wenn eine 2018 veröffentlichte Studie[73] festgestellt hat, dass in Uruguay wohl die Weibchen wandern, während die Männchen an Ort und Stelle bleiben und auch im Winter aktiv sind.

Auf jeden Fall bringt dieses Flattertier im Sommer in seinem nordamerikanischen Areal in den südlichen Vereinigten Staaten seine Jungen zur Welt, und zwar in riesigen Kolonien, die bis über 20 Millionen Individuen zählen können, wie die in der Bracken Cave in der Nähe von San Antonio in Texas. Es gibt auch kleinere Kolonien, die aber ebenso berühmt sind, weil sie sich im Herzen einiger texanischer Städte befinden und dort zu einer touristischen Attraktion geworden sind. Eine befindet sich in Houston, unter der Waugh Street Bridge, und zählt über 250.000 Tiere. Die bekannteste ist jedoch jene von Austin; sie versammelt sich unter der Congress Avenue Bridge, einer 300 Meter langen Brücke über den Colorado, genau auf der Höhe des Stausees Lady Bird Lake, nicht weit entfernt vom Texas State Capitol. Unter dem Bogen der Brücke versammeln sich jedes Jahr bis zu 1,5 Millionen Fledermäuse: fast doppelt so viele wie die Bürger von Austin, das etwas mehr als 960.000 Einwohner zählt. Unglaubliche Zahlen, die jährlich an die 100.000 Touristen anlocken und Austin einen großen Dienst erweisen: Die Riesenkolonie hat das große Verdienst, jede Nacht ungefähr 13–14 Tonnen Insekten zu verputzen. Nach diesen ausgiebigen sommerlichen Schlemmereien im Süden der Vereinigten Staaten zieht die Mexikanische Bulldoggfledermaus nach Mexiko, wo sie den Winter verbringt.

Ähnlich wie beim Monarchfalter, trennt sich auch diese Art auf ihrer Reise, und zwar nicht in zwei, sondern sogar in drei Gruppen mit verschiedenen Bestimmungsorten.

---

73   Germán B. Nuñez *et al.*, *Circannual sex distribution of the Brazilian free-tailed bat, Tadarida brasiliensis (Chiroptera, Molossidae), suggest migration in colonies from Uruguay*, in „Mastozoología Neotropical", 2018, 25, S. 213–219.

Die Fledermäuse, die den Sommer in Nevada, im Westen Utahs und Arizonas und in Kalifornien verbringen, ziehen nach Südwesten, um nach Südkalifornien und Baja California zu gelangen. Die Exemplare, die im Sommer im Osten Utahs und Arizonas leben, überfliegen die Grenze zu Mexiko und verteilen sich entlang der östlichen Sierra Madre, wobei sie in die weiter südlich gelegenen mexikanischen Bundesstaaten Sonora, Sinaloa und Jalisco gelangen. Die Individuen von Kansas, Texas und Oklahoma ziehen dagegen nach Südosten und erreichen die östlichen Bundesstaaten Mexikos.

Doch wie gelingt es ihnen jede Saison, sich alle zusammen wieder in denselben Unterkünften einzufinden, sommers wie winters? Dank eines besonderen Duftes. Diese Art hat nämlich eine große Anzahl von Talgdrüsen, die einen durchdringenden und schwerflüchtigen Moschusduft verströmen, der an den Sitzstangen und Wänden der angestammten Unterschlüpfe haftet und die Artgenossen anlockt.

Unter den amerikanischen Fledermäusen gibt es aber auch einige, die das ganze Jahr buchstäblich von Blüte zu Blüte ziehen, um ihren Gaumen zu befriedigen und sich den Bauch vollzuschlagen. Es sind drei Arten von Blattnasenfledermäusen, die zur Gattung *Leptonycteris* gehören und der saisonalen Blüte von Kakteen und Agaven folgen. Die Curaçao-Blütenfledermaus *(Leptonycteris curasoae)* pendelt zwischen Venezuela und Kolumbien: Im Frühling zieht sie von den venezolanischen Anden nach Norden und kehrt im August wieder in den Süden zurück.

Die größte der drei, die Große Mexikanische Blütenfledermaus *(Leptonycteris nivalis),* hält sich dagegen fast das ganze Jahr in Zentralmexiko auf. Dort paart sie sich zwischen November und Dezember in der eindrucksvollen Cueva del Diablo von Tepoztlán, einer Stadt im mexikanischen Bundesstaat Morelos. Zwischen April und Mai zieht sie dann nach Norden in die südlichen Vereinigten Staaten. Auf dieser Wanderung erfolgen die Geburten, und sobald sie ihren Bestimmungsort erreicht hat, schlemmt diese

Fledermaus den ganzen Sommer im Süden von Texas, in Arizona und New Mexico. Erst Ende August brechen die Flattertiere erneut in Richtung Süden auf.

In Mexiko lebt auch die Kleine Mexikanische Blütenfledermaus *(Leptonycteris yerbabuenae)*, die auf der Suche nach Nektar, Samen und Früchten ihrer bevorzugten Pflanzen rund 1.600 Kilometer im Jahr zurücklegt. Zwischen April und Juli zieht sie nach Nordwesten, um den Norden Mexikos, Arizona und Kalifornien zu erreichen,[74] wobei sie einen Meeresarm überquert; im September kehrt sie in den Süden zurück und kommt dabei bis nach Honduras und El Salvador. Sie bewegt sich im Grunde zwischen semiariden Zonen und hält sich häufig in der Sonora-Wüste auf: Temperaturen über 40 Grad Celsius machen ihr nichts aus, doch unter einer Schwelle von zehn Grad kann sie nicht überleben. Es handelt sich nämlich um eine Art, die keinen Winterschlaf macht. Im Gegensatz zur Großen Mexikanischen Blütenfledermaus, die sich vom Nektar von Kakteen, Agaven, des Kapokbaumes und einiger Prunkwinden *(Ipomoea)* ernährt, ist die Kleine Mexikanische Blütenfledermaus heikel. Sie ist versessen auf den Nektar der Blüten des Saguaro-Säulenkaktus, die in den Nächten zwischen April und Mai in der Wüste Sonora aufgehen. Mit seiner Form eines zweiarmigen Kandelabers ist der Saguaro wohl der bekannteste amerikanische Kaktus. Mit ihrer langen und papillenreichen Zunge erreicht diese Fledermaus den Nektar des Saguaro, einiger weniger anderer Säulenkakteen und der amerikanischen Agaven und erfüllt dabei die überaus wichtige Aufgabe der Bestäubung dieser Pflanzen. Doch leider sind die Kakteen und Agaven, von denen diese Flattertiere abhängen, infolge der Ausbreitung invasiver Arten, der Verstädterung und der Herstellung von Tequila immer weniger ergiebig: So werden die Blüten mancher Agaven schon im Knospen-

---

74   Maria C. Arteaga *et al.*, *Genetic diversity distribution among seasonal colonies of a nectar-feeding bat (Leptonycteris yerbabuenae) in the Baja California Peninsula*, in „Mammalian Biology", 2018, 92, S. 78–85.

stadium abgeschnitten, wodurch den Fledermäusen der Nektar entgeht.

Auch die Fledermäuse wandern also, doch ihr „sechster Sinn", die Echoortung, reicht nicht aus, um sich auf diesen langen Wanderungen zu orientieren. Ultraschallwellen breiten sich nur über wenige Meter aus, sie taugen nicht als Kompass. Sie können dazu dienen, im Umkreis von 50 Metern Unterschlupf zu finden, über große Entfernungen aber orientieren sich die Flattertiere wahrscheinlich mit anderen Methoden. Mit Sicherheit verwenden viele von ihnen einprägsame geografische Anhaltspunkte wie große Flüsse, Hecken und Straßen, um so etwas wie eine Landkarte zu erstellen. Verschiedene Studien von Richard Holland von der Universität Princeton und seinem Team, die auch in *Nature* veröffentlicht wurden,[75] haben ergeben, dass die Flattertiere einen „magnetischen Sinn" haben: Sie nutzen, ebenso wie Vögel, Insekten und viele andere wandernde Tierarten, einen Magnetkompass. Und sie tun dies mithilfe von Magnetit-Partikeln, die in bislang nicht lokalisierten Sensorzellen der Fledermäuse eingelagert sind.[76]

Sie haben aber noch ein weiteres System, mit dem sie ihren Magnetkompass kalibrieren: Sie „lesen" polarisiertes Licht. Das natürliche Licht ist eine elektromagnetische Welle, bestehend aus einem elektrischen Feld und einem Magnetfeld, die sich nach allen Richtungen im Raum ausbreitet. Wenn das Sonnenlicht aber die Atmosphäre passiert, wird es zum Teil polarisiert: Die Atmosphäre wirkt wie eine Art Filter, der nur jene Wellen durchlässt, die in eine bestimmte Richtung schwingen. Das erleben wir zum Beispiel ständig mit den Gläsern unserer Sonnenbrillen, die uns vor UVA- und UVB-Strahlen schützen.

75 Richard A. Holland *et al.*, *Bat orientation using Earth's magnetic field*, in „Nature", 2006, 444, S. 702.
76 Richard A. Holland *et al.*, *Bats use magnetite to detect the Earth's magnetic field*, in „Plos One", 2008, 3, https://doi.org/10.1371/journal.pone.0001676.

Einer 2014 in *Nature Communication* veröffentlichten Untersuchung[77] zufolge vertrauen die Fledermäuse bei ihren Wanderungen insbesondere auf das polarisierte Licht. Bevor sie starten, beobachten die Flattertiere den Himmel bei Sonnenuntergang, nicht weil sie so romantisch sind, sondern weil zu diesem Zeitpunkt – ebenso wie bei Tagesanbruch – die Polarisation am stärksten ist. Sie „lesen" die Richtung des polarisierten Lichtes, kalibrieren den Magnetkompass und erkennen, in welche Richtung sie sich orientieren müssen. Soweit wir wissen, sind sie die einzigen Säugetiere, die das können.

Wie die anderen Nachtzieher par excellence, die kleinen Sperlingsvögel, leiden auch die Fledermäuse unter der Lichtverschmutzung. Fast alle Arten vermeiden es tunlichst, sich dem Licht auszusetzen: Nur eine Handvoll urbaner Arten ist imstande, durch den Lichtkegel einer Straßenlaterne zu fliegen, um sich eine Beute zu schnappen. Viele Waldfledermäuse aber kommen nicht einmal mehr zum Trinken, wenn die Gewässer, an denen sie ihren Durst stillen, beleuchtet werden.[78] Leider scheinen auch die energiesparenden LEDs den Fledermäusen Unannehmlichkeiten zu bereiten und ihr Verhalten zu verändern, sowohl bei der nächtlichen Jagd als auch auf Wanderungen.[79]

Apropos LED: 2018 stellte eine in *Ecology and Evolution*[80] veröffentlichte Untersuchung fest, dass die roten LED-Lampen bei zwei Arten europäischer Fledermäuse eine positive Fototaxis auslösen: Nähern sie sich der roten Lichtquelle, werden sie von ihr an-

77 Stefan Greif et al., *A functional role of the sky's polarization pattern for orientation in the greater mouse-eared bat*, in „Nature Communications", 2014, 5, S. 4488. DOI: 10.1038/ncomms5488

78 Danilo Russo et al., *Adverse effects of artificial illumination on bat drinking activity*, in „Animal Conservation", 2017, 20, S. 492–501.

79 Daniel Lewanzik und Christian C. Voigt, *Transition from conventional to light-emitting diode street lighting changes activity of urban bats*, in „Journal of Applied Ecology", 2017, 54, S. 264–271.

80 Christian C. Voigt, *Migratory bats are attracted by red light but not by warm-white light: Implications for the protection of nocturnal migrants*, in „Ecology and Evolution", 2018, 8, S. 9353–9361.

gezogen. Bei den weißen LEDs scheint diese „Anziehung" nicht stattzufinden. Nun werden die roten LEDs aber als Signallichter an Flugzeugen und Windkraftanlagen verwendet und könnten so die Fledermäuse in tödliche Fallen locken. Windparks scheinen die Fledermäuse auf jeden Fall anzuziehen, vielleicht weil sich die Oberfläche der Flügel tagsüber erwärmt und dadurch Insekten anlockt. Und die roten LEDs würden in diesem Fall die Anziehung verstärken. Auf jeden Fall sind Windräder eine der neuen menschengemachten Ursachen für das Sterben der Fledermäuse, der sesshaften wie der wandernden.

Im Grunde wissen wir über die Wanderungen der Fledermäuse nicht viel: Obwohl man sie wie die Vögel mithilfe der Beringungstechnik erforscht hat, später auch mit Radar und GPS, gibt es noch viel zu klären. Zum Beispiel weiß man nicht genau, welche Stimuli die Entscheidung zum Aufbruch einleiten. 2017 ist einem Team des Max-Planck-Instituts der Nachweis gelungen, dass diese Entscheidung, zumindest beim Großen Abendsegler, von bestimmten Wetterbedingungen abhängt. Die in *Biology Letters*[81] veröffentlichte Studie stellte fest, dass der Abendsegler bei seinen Frühjahrswanderungen von Süddeutschland in die südlichen Winterquartiere sehr auf Windrichtung und -geschwindigkeit sowie auf den Luftdruck achtet. Und er startet lieber mit Rückenwind: in Nächten, in denen der Wind stark in Flugrichtung weht, in diesem Fall nach Südwesten.

---

81   Dina K. N. Dechmann *et al.*, *Determinants of spring migration departure decision in a bat*, in „Biology letters", 2017, 13. DOI: 10.1098/rsbl.2017.0395.

Teil II
Wasserwege

Kapitel 5
Die magnetische Anziehung der Strände

In den Meeren des Spätjura, vor ungefähr 150 Millionen Jahren, tauchten erstmals die Vorfahren jener Tiere auf, die wir heute als Meeresschildkröten kennen. An das Leben im Meer angepasste Reptilien, die den Atem lang anhalten konnten, mit Beinen, die zu regelrechten Flossen geworden waren, und einer Ernährung, die vornehmlich aus Quallen, Schwämmen, Mollusken und Algen bestand.

Heute gibt es sieben Arten: von der riesigen Lederschildkröte *(Dermochelys coriacea)*, die über 2,5 Meter lang und 500 Kilo schwer werden kann, bis zur kleinsten, der Atlantik-Bastardschildkröte *(Lepidochelys kempii)*, die gerade einmal 60–70 Zentimeter lang und 45 Kilo schwer wird. Trotz unterschiedlicher Ernährung und Größe haben alle ein gemeinsames Merkmal: Sie leben im offenen Meer, und nur die Weibchen kommen an Land, um an den Stränden ihr Nest zu bauen. Einige legen die Eier allein ab, andere dagegen tun dies zu Tausenden: ein in Mittelamerika als *Arribada* bekanntes Ereignis.

Alle aber ziehen unermüdlich mit den Meeresströmungen durch die Ozeane und legen Tausende Kilometer zurück, um den perfekten Strand zu finden, sei es jenen, an dem sie zur Welt gekommen sind, oder auch einen neuen. Und alle haben ein außergewöhnliches Orientierungsvermögen: einen magnetischen „sechsten Sinn".

Den Beweis dafür erbrachten zwischen den 1990er-Jahren und Anfang 2000 Kenneth und Catherine Lohmann von der University of North Carolina, zwei Koryphäen auf diesem Forschungsgebiet, mit mehreren Veröffentlichungen in *Nature*.[82] In ihren Untersuchungen haben sie herausgefunden, dass die Meeresschildkröten das Erdmagnetfeld spüren und es für ihre Wanderungen nutzen.

Diese Meeresreptilien können nicht nur die Intensität des Erdmagnetfeldes wahrnehmen, die von den Polen zum Äquator hin abnimmt, sie registrieren auch seine Neigung. Für sie ist jeder Punkt auf dem Planeten durch ein Wertepaar aus Intensität und Neigungswinkel gekennzeichnet. Es ist, als ob sie eine Landkarte lesen würden:[83] Sie wissen, wo sie sich befinden, und können ihre Marschrichtung beibehalten. Und vor allem kennen sie ihre Position in Bezug auf den Bestimmungsort.

Hier aber stellt sich ein weiteres Problem: Woher kennen sie die Koordinaten ihres Bestimmungsortes? Das heißt, des Strandes, an dem sie die Eier ablegen? Sie haben sie sich eingeprägt.

Kenneth Lohmann, diesmal mit seinem Kollegen Roger Brothers, entdeckte nämlich, dass die Unechten Karettschildkröten *(Caretta caretta)* an ihren Geburtsstrand zurückkehren, weil sie dessen einmalige „magnetische Signatur" kennen. Mit zwei in den Jahren 2015 und 2018 in *Current Biology* veröffentlichten Studien[84] gelang den beiden Wissenschaftlern der Beweis, dass diese Meeresschildkröten unmittelbar nach der Geburt eine Art Prägung *(imprinting)* in Bezug auf ihren Geburtsstrand erfahren. Das heißt, sie merken sich die magnetischen Koordinaten des Ortes und nutzen sie, um nach ungefähr 15–20 Jahren, wenn sie zur Fortpflanzung bereit sind, dorthin zurückzukehren. Sie vollziehen also das sogenannte *natal homing*, die „Rückkehr an den Geburtsstrand".

---

82 Kenneth J. Lohmann und Catherine M. F. Lohmann, *Detection of magnetic field intensity by sea turtles*, in „Nature", 1996, 380, S. 59–61; Kenneth J. Lohmann *et al.*, *Geomagnetic map used in sea-turtle navigation*, in „Nature", 2004, 428, S. 909–910.

83 Kenneth J. Lohmann *et al.*, *Magnetic maps in animals: nature's GPS*, in „Journal of Experimental Biology", 2007, 210, S. 3697–3705.

84 J. Roger Brothers und Kenneth J. Lohmann, *Evidence for Geomagnetic Imprinting and Magnetic Navigation in the Natal Homing of Sea Turtles*, in „Current Biology", 2015, 25, S. 392–396; Roger Brothers und Kenneth J. Lohmann, *Evidence that Magnetic Navigation and Geomagnetic Imprinting Shape Spatial Genetic Variation in Sea Turtles*, in „Current Biology", 2018, 28, S. 1325–1329.

Manchmal kann es geschehen, dass sie einen anderen Strand wählen, doch in diesem Fall hat das neue Gestade oft sehr ähnliche magnetische Koordinaten.

Also ist es erst seit Kurzem gelungen eine Antwort auf die seit 50 Jahren offene Schlüsselfrage nach der Wanderung der Meeresschildkröten zu finden. Zwar waren bereits Hypothesen über die magnetische Prägung aufgestellt worden, aber der Nachweis fehlte. Die Prägung ist eines der faszinierendsten und komplexesten Phänomene der Tierwelt und bei den Wirbeltieren in unterschiedlichen Formen und Stufen verbreitet. Es handelt sich um ein frühzeitiges Erlernen, das innerhalb einer äußerst kurzen Zeitspanne erfolgt, einer „sensiblen Phase", die normalerweise mit den Stunden unmittelbar nach der Geburt zusammenfällt. Was man in diesen wenigen Stunden oder Tagen lernt, behält man ein ganzes Leben lang: Es ist ein irreversibles Erlernen, das in zahlreiche soziale Dynamiken hineinspielt. Viele Arten prägen sich auf diese Weise das Aussehen der Eltern ein, wie Konrad Lorenz' berühmte Graugänse, oder nutzen das Wissen, um den zukünftigen Partner zu wählen. Den Meeresschildkröten dagegen bleiben dank ihrer Ortsprägung die Koordinaten des Strandes, an dem sie zum ersten Mal das Meer erblickten, für immer im Gedächtnis.

Warum aber nehmen sie die Gefahren einer langen Reise in Kauf, um zur Fortpflanzung an den Geburtsort zurückzukehren? Die Antwort ist einfach: Es ist der einzige Platz, an dem sie mit Sicherheit alle nötigen Annehmlichkeiten vorfinden – weichen Sand, kaum Raubtiere, keine oder kaum Störungen durch den Menschen sowie eine angemessene Temperatur. Dort hat ihre Lebensreise begonnen, und so gehen sie davon aus, dass jener Strand die besten Chancen für das Überleben ihrer eigenen Nachkommen bietet.

Die meisten Unechten Karettschildkröten kehren also zum Nestbau an ihren Geburtsstrand zurück. Genau an dieselbe Stelle, und allein. Die Unechte Karettschildkröte ist weltweit verbreitet, man findet sie in allen wärmeren Meeren, und die von den Lohmans untersuchten Schildkröten gehören zur Population von Florida, der zahlreichsten der Welt. Allein hier finden sich jährlich zwischen 68.000 und 90.000 Nester.

Am Ende des Sommers verlassen die Neugeborenen den warmen Sand der Strände Floridas oder Yucatáns, tauchen ins Meer und kehren erst mehrere Jahre später, wenn sie ungefähr 50 Zentimeter groß und geschlechtsreif sind, wieder an jene Gestade zurück. Was sie in der Zwischenzeit tun, blieb lange unbekannt. Bis Alan Bolten und seine Frau Karen Bjorndal[85] Ende der 1990er-Jahre das „Geheimnis" lüften. Mit einer genetischen Untersuchung gelang ihnen der Beweis, dass sich die Unechten Karettschildkröten gleich nach der Geburt, wenn sie gerade einmal fünf Zentimeter groß sind, auf eine ungefähr 16.000 Kilometer lange Reise begeben, bei der sie den ganzen Nordatlantik überqueren. Diese Hypothese hatte Archie Carr, eine Ikone der Erforschung und des Schutzes dieser Meeresreptilien, bereits 1986 aufgestellt, konnte sie jedoch nicht mehr beweisen, da er im Jahr darauf starb.[86]

Die Schildkrötenbabys stürzen sich gleich nach der Geburt ins Meer und ernähren sich in den ersten Tagen von kleinen Krebstieren, Rippenquallen (biolumineszierendes Plankton) und anderen Meereslebewesen, danach steuern sie die Sargassosee an. An diesem ersten Ziel finden sie ein Nahrungsangebot von über 100 verschiedenen Arten von Meerestieren und -pflanzen. In den vom Golfstrom erwärmten Gewässern haben sie Zeit zum Wachsen. Danach überqueren sie unter Ausnutzung der Strömung den gesamten Nordatlantik und erreichen die Azoren. Die meisten von ihnen ziehen weiter und gelangen an die Küsten Spaniens und Portugals und bis nach Madeira, einen der wichtigsten Nahrungsplätze dieser Spezies. Einige erreichen auch das Mittelmeer: Ungefähr 45 Prozent der Jungen, die in den Gewässern des Mare Nostrum

---

85 Alan B. Bolten *et al.*, *Transatlantic developmental migrations of Loggerhead sea turtles demonstrated by mtDNA sequence analysis*, in „Ecological Applications", 1988, 8, S. 1–7.

86 Archie Carr, *New Perspectives on the Pelagic Stage of Sea Turtle Development*, in „Conservation Biology", 1987, 1, S. 103–121.

schwimmen, stammen aus dem Atlantik.[87] Das schließt nicht aus, dass es endemische Mittelmeerschildkröten gibt, die ihr ganzes Leben im Mittelmeer verbringen und dort Wanderungen von 2.000 bis 7.000 Kilometern unternehmen. Die Unechten Karettschildkröten des Mittelmeers sind dabei auf verschiedenen Strecken unterwegs. Normalerweise ziehen sie im Frühling auf der Suche nach Nahrung nach Westen und im Winter auf der Suche nach wärmeren Gewässern nach Osten. Fast alle wählen die Strände Griechenlands, der Türkei, Nordafrikas und auch Italiens, um ihre Eier abzulegen. Wie man vor Kurzem entdeckt hat, besiedeln einige von ihnen jedoch auch neue Strände im Westen des Mittelmeers, vielleicht, um so besser mit den steigenden Temperaturen zurechtzukommen.[88]

Die Unechten Karettschildkröten, die von Florida in den Westatlantik gelangen, setzen dagegen ihre Reise in Richtung Süden fort, immer mithilfe des Golfstroms. Sie passieren die Kanarischen und Kapverdischen Inseln, dann drehen sie nach Westen ab und kehren in die Karibik zurück, wo sie sich fortpflanzen, sobald sie ausgewachsen sind. Auf dieser Tour sind sie ungefähr 6–12 Jahre unterwegs: beinahe ein Viertel ihres Lebens, wenn man bedenkt, dass sie über 50 Jahre alt werden können. In dieser Zeit schwimmen sie meist innerhalb von fünf Metern unter der Wasseroberfläche. Wenn sie ausgewachsen sind, können sie dagegen bis in eine Tiefe von 200 Metern tauchen.

Am Ende der Jahre, in denen sie im Atlantik unterwegs sind, kehren sie im Sommer endlich an die amerikanischen Küsten zurück und verlassen zum ersten Mal den Ozean, um ihren Niststrand aufzusuchen. Mit den Flossen graben sie eine tiefe Grube in den Sand und legen an die hundert weiße, weichschalige,

---

87 James R. Spotila, *Sea Turtles: A Complete Guide to their Biology, Behavior, and Conservation*, The Johns Hopkins University Press and Oakwood Arts, Baltimore, Maryland, 2004.

88 Carlos Carreras *et al.*, *Sporadic nesting reveals long distance colonisation in the philopatric loggerhead sea turtle (Caretta caretta)*, in „Scientific Reports", 2018, 8, Artikelnummer 1435.

tischtennisballgroße Eier darin ab. Diese Aktion wiederholen sie im Lauf einer einzigen Saison mehrmals im Abstand von einigen Tagen, bevor sie für weitere zwei oder drei Jahre wieder ins Meer tauchen. Etwas Ähnliches geschieht auch im Pazifik: Dort pflanzen sich die Unechten Karettschildkröten im Südosten Asiens fort, und zwar von Japan bis nördlich von Australien, und ernähren sich in den Gewässern vor der mexikanischen Baja California, wobei sie auch in diesem Fall eine Reise von 10.000 bis 13.000 Kilometern pro Strecke absolvieren.[89]

Der Grund für diese aufwendige Suche nach dem perfekten Strand, zumeist dem Geburtsstrand, ist in Wirklichkeit die Suche nach einem Parameter, der eine Schlüsselrolle für die richtige Entwicklung der Eier spielt und sogar deren Geschlecht bestimmt: die ideale Sandtemperatur. Das Optimum für diese Art, das heißt, die Temperatur, die die Entwicklung von männlichen und weiblichen Schildkrötenbabys zu gleichen Teilen ermöglicht, beläuft sich auf etwa 29 Grad Celsius. Diese Temperatur sollte ungefähr auf halber Höhe im Inneren der Kammer herrschen, die die Eier beherbergt. Auf diese Weise schlüpfen aus den oberen Eiern – die mehr Wärme abbekommen – die Weibchen und aus den unteren, um ein bis zwei Grad kälteren, die Männchen. Schon ein Grad Unterschied genügt nämlich, um dieses Gleichgewicht zu verschieben und mehr Weibchen oder mehr Männchen zur Welt zu bringen. Je mehr die Temperatur von der optimalen abweicht, desto größer wird das Gefälle zwischen den beiden Geschlechtern, und wenn die Temperatur im Inneren des Nestes auf über 30,5 Grad steigt, kommen nur noch Weibchen zur Welt. Tatsächlich kommt es mit der globalen Erwärmung bei ganzen Populationen von Meeresschildkröten zu einer Feminisierung: Jedes Jahr gibt es einen Überschuss an rosa Schleifen und die Populationen bestehen fast ausschließlich aus Individuen weiblichen Geschlechts.

---

89 Brian W. Bowen *et al.*, *Trans-Pacific migrations of the loggerhead turtle (Caretta caretta) demonstrated with mitochondrial DNA markers*, in „Proceedings of the National Academy of Science", 1995, 92, S. 3731–3734.

Das ist auch bei einer anderen großen Wanderin der Fall: der Grünen Meeresschildkröte *(Chelonia mydas)*. Sie ist, ebenso wie die Unechte Karettschildkröte, eine Kosmopolitin und nistet zum Beispiel längs des australischen Great Barrier Reefs. Doch mit dem globalen Temperaturanstieg ergibt sich für die Population, die ihre Eier im Norden des Riffs ablegt, eine alarmierende Situation: 99,1 Prozent der Neugeborenen sind Weibchen, ebenso 99,8 Prozent der unreifen und 86,8 Prozent der adulten Tiere.[90] Das ist ein weiterer Risikofaktor für diese Meeresreptilien, die bereits durch den Plastikmüll im Meer und den Fischfang bedroht sind.

Die brasilianische Population der Grünen Meeresschildkröte ist dagegen aus ganz anderen Gründen bekannt. Sie stellt ein Unikum dar, eine Schar von wandernden Tieren, die buchstäblich eine Stecknadel im Heuhaufen zu finden vermag. Oder vielmehr, eine winzige Insel mitten im Atlantischen Ozean: die gerade mal 90 Quadratkilometer große Insel Ascension auf halber Strecke zwischen Afrika und Brasilien.

Die Insel Ascension liegt genau auf dem Mittelatlantischen Rücken, 1.600 Kilometer von Afrika und 2.200 von Brasilien entfernt. An ihren Stränden pflanzen sich jedes Jahr ungefähr 3.000 Grüne Meeresschildkröten fort, von denen jede mehrmals Eier ablegt, wobei die Gesamtzahl der Nester zwischen 6.000 und 24.000 schwankt.

Die erwachsenen Grünen Meeresschildkröten verbringen ihr Leben entlang der brasilianischen Küsten und ernähren sich in den Wiesen von Wasserpflanzen, die dem Neptungras im Mittelmeer ähnlich sind. Alle drei bis vier Jahre machen sie sich am Ende des Winters auf die Reise nach Osten. Sie schwimmen fünf bis sechs Wochen lang im offenen Meer und legen dabei über 2.000 Kilometer zurück, immer in Richtung der Insel Ascension. Im Dezember paaren sich die Weibchen vor der Inselküste mit mehreren Männchen und tauchen nach knapp einem Monat aus dem Wasser

---

90 Michael P. Jensen *et al.*, *Environmental Warming and Feminization of One of the Largest Sea Turtle Populations in the World*, in „Current Biology", 2018, 28, S. 154–159.

auf, um die Strände aufzusuchen, an denen sie geboren wurden und die sie dank derselben Ortsprägung,[91] wie die Unechte Karettschildkröte sie besitzt, erreichen. Dort graben sie mit den Flossen eine etwa 40–50 Zentimeter tiefe Mulde und legen darin bis zu 200 Eier ab, im Schnitt 120. Danach decken sie diese mit Sand zu und begeben sich wieder ins Meer. Dieser Vorgang wiederholt sich mehrmals, ungefähr alle zwölf Tage, in einem Zeitraum zwischen Januar und Ende Mai.[92] Bevor sie aber die Eier tatsächlich ablegen, machen sie ein paar Proben, eine Art „Test": Sie tauchen aus dem Meer auf, steigen an den Strand, besichtigen ihn, wählen einen Punkt aus und beginnen zu graben, alles, ohne Eier abzulegen. Das ist eine Art Übung, um sicherzugehen, dass zum richtigen Zeitpunkt alles klappt. Ihre elterliche Fürsorge beschränkt sich darauf, ihrem Nachwuchs eine perfekte Kinderstube zur Verfügung zu stellen: ihren eigenen Geburtsstrand im Paradies von Ascension. Sobald sie die Eier abgelegt haben, überlassen die erwachsenen Tiere sie ihrem Schicksal. Ungefähr 56 Tage nach der Rückkehr ins Meer von Ascension sind die erwachsenen Tiere wieder in Brasilien. Unterdessen tauchen an jenen Stränden im Herzen des Ozeans Hunderte kleine Schildkrötenbabys gleichzeitig auf, auch sie bereits mit einem außergewöhnlichen Orientierungssinn begabt. Ihre ersten Lebensmomente sind alles andere als einfach: Sie müssen aus dem Ei schlüpfen, sich durch den Sand an die Oberfläche kämpfen und das Meer erreichen, bevor Möwen, Füchse und sogar Krabben sie erbeuten können.

Wie aber wissen sie, welche Richtung sie einschlagen müssen, um den Ozean zu erreichen? Sie folgen dem Widerschein des Mondes oder des Sternenhimmels auf dem Meer und streben dem Licht zu, auch wenn es dem menschlichen Auge nur schwach erscheint. Außerdem wissen sie, dass sie senkrecht zum Wellengang schwim-

---

91   Anne B. Meylan *et al.*, *A genetic test of the natal homing versus social facilitation models for green turtle migration*, in „Science", 1990, 248, S. 724–727.
92   Brendan J. Godley *et al.*, *Nesting of Green Turtles (Chelonia mydas) at Ascension Island, South Atlantic*, in „Biological Conservation", 2001, 97, S. 151–158.

men müssen, um nicht an den Strand zurückgespült zu werden, wenn sie wenige Minuten nach der Geburt, gerade einmal fünf Zentimeter groß, die ersten Ozeanwellen in Angriff nehmen. Ab diesem Moment weiß man wenig über ihre Routen, außer dass sie ihr Leben als Fleischfresser in Form von tierischem Plankton beginnen und drei bis fünf Jahre[93] bei dieser Kost bleiben, bevor sie zu Pflanzenfressern werden. Sie stoßen zu den ausgewachsenen Exemplaren an den Küsten Brasiliens, und nur eine von tausend erreicht das Erwachsenenalter und kehrt an denselben Strand zurück, um den Zyklus von Neuem zu beginnen.

Die Insel Ascension ist praktisch eine Sommerkolonie der brasilianischen Grünen Meeresschildkröten. Dort finden sie den idealen Platz, um eine neue Generation in die Welt zu setzen, doch stehen ihnen nicht die Wiesen von Wasserpflanzen zur Verfügung, von denen sie sich sonst ernähren. Deshalb müssen auch die Jungen, wenn sie die Ernährung umstellen, schon bald wandern, um Futter zu finden.

Warum aber bis zur Insel Ascension ziehen, wo doch die Küsten Brasiliens perfekt wären, um Nester zu bauen? Archie Carr formulierte als Erster einige Hypothesen dazu, wobei er sich auf die Theorie der Kontinentalverschiebung stützte. Laut seiner Mitte der 1970er-Jahre in *Nature* dargelegten Hypothese hätten die Grünen Meeresschildkröten ihre Wanderroute schrittweise ausgedehnt, je weiter sich Afrika und Südamerika durch die Kontinentaldrift – mit einer Geschwindigkeit von zwei Zentimetern pro Jahr – voneinander entfernten.[94] So faszinierend diese Hypothese sein mag, so unwahrscheinlich ist sie auch: Vor Millionen Jahren gab es die jetzige Art *Chelonia mydas* noch gar nicht, nur einen entfernten

---

93 Kimberly J. Reich *et al.*, *The 'lost years' of green turtles: using stable isotopes to study cryptic lifestages*, in „Biology Letters", 2007, 3.

94 Archie Carr und Patrick J. Coleman, *Seafloor spreading theory and the odyssey of the green turtle*, in „Nature", 1974, 249, S. 128–130, 1974; Archie Carr, *The Ascension Island Green Turtle Colony*, in „Copeia", 1975, 3, S. 547–555; Jeanne A. Mortimer und Archie Carr, *Reproduction and Migrations of the Ascension Island Green Turtle (Chelonia mydas)*, in „Copeia", 1987, 1, S. 103–113.

Vorfahren. Würde die Hypothese stimmen, dann müssten alle Grünen Meeresschildkröten der Welt – die zwangsläufig von diesem alleinigen Stammvater abstammten und sich dann über alle Meere verbreitet hätten – ihre Nester auf dieser Insel bauen. Oder wenigstens den gleichen Ost-West-Routen folgen. Dem ist aber nicht so. Kurzum, diese Hypothese bleibt eine der faszinierendsten, wurde aber nie validiert. Dagegen haben andere Studien, die auf Untersuchungen der mütterlicherseits weitergegebenen mitochondrialen DNA beruhen, bewiesen, dass die Evolution dieser Population sehr viel jünger ist[95] und dass auch diese Art das Erdmagnetfeld nutzt, um sich auf ihren Reisen zu orientieren.[96]

Dasselbe macht die zurzeit größte existierende Meeresschildkröte, die Lederschildkröte *(Dermochelys coriacea)*, der beim Timing ihrer Wanderungen wahrscheinlich auch die Zirbeldrüse hilft. Die Lederschildkröte hat nämlich genau auf dem Kopf einen rosa Fleck, der möglicherweise das Sonnenlicht zur Zirbeldrüse vordringen lässt: eine endokrine Drüse, die den Schlaf-Wach-Rhythmus regelt und die Tagesdauer anzeigt. Diese könnte, zusammen mit dem Temperaturwechsel, der Lederschildkröte signalisieren, wann es Zeit zum Wandern ist.

Die sowohl im Atlantik als auch im Pazifik heimische Art legt sehr lange Strecken zurück. Sie wandert zwischen den Tropengegenden, wo sie nistet, und einer Reihe von Futtergebieten, die sich in gemäßigten oder tropischen Gewässern befinden, auf offenem Meer oder entlang der Küste.

Sie ist ein richtiger Panzer zur See: Bis drei Meter lang und mit bis zu einem Meter langen Vorderflossen kann sie weit über 400 Kilo schwer werden. Sie sieht nicht gerade lieblich aus und hat schreckliche Stacheln im Maul, mit deren Hilfe sie ihre bevorzug-

95 Brian W. Bowen *et al.*, *An odyssey of the green sea turtle: Ascension Island revisited*, in „Proceeding of the National Academy of Sciences", 1989, 86, S. 573–576.

96 Kenneth J. Lohmann, *Sea Turtles: Navigating with Magnetism, Current Biology*, 2007, 17, S. R102–R104; P. Luschi *et al.*, *Marine turtles use geomagnetic cues during open-sea homing*, in „Current Biology", 2007, 17, S. 126–133.

te Beute verschlingt: Quallen. Sie ernährt sich fast ausschließlich von diesen wirbellosen Meerestieren, die uns Menschen so viele Unannehmlichkeiten bereiten, und kann an einem Tag bis zum Doppelten ihres Eigengewichts verzehren, wobei sie Fettmasse ansetzt. Dieses Fett dient ihr als Energiereserve für ihre Wanderungen; damit kann sie auch in kältere Meere wie die vor Kanada vorstoßen. Sie ist tatsächlich die einzige Meeresschildkröte, die es auch in kälteren Gewässern gut aushält.

Beide Populationen, die des Pazifiks und die des Atlantiks, vollbringen Rekordleistungen, wenn sie die Ozeane durchschwimmen, um zu fressen und alle paar Jahre zur Fortpflanzung an die Strände zurückzukehren, an denen sie auf die Welt gekommen sind. Dank neuerer Untersuchungen, die mithilfe der Satellitentelemetrie durchgeführt wurden, ist es gelungen, ihre Routen zu ermitteln.[97]

Die Lederschildkröten, die zwischen Indonesien, den Philippinen und Papua-Neuguinea nisten, folgen nach der Eiablage drei verschiedenen Routen.

Ein Teil davon, der am weitesten südlich, in Papua-Neuguinea Nester baut, geht entlang der Küsten Australiens auf Quallenjagd und ernährt sich im Korallenmeer oder in der Tasmanischen See. Die Lederschildkröten, die ihre Nester weiter nördlich graben, ziehen in den Nordpazifik. Sie gelangen bis auf die Höhe von Japan, indem sie dem *Kuroshio,* der „Schwarzen Strömung" folgen: das Gegenstück zum atlantischen Golfstrom, so genannt wegen der tiefblauen Farbe seiner Fluten. Einige von ihnen erreichen sogar die Küsten der USA, durchschwimmen also den gesamten Pazifik, wobei sie allein auf dem Hinweg ungefähr 12.000 Kilometer zurücklegen. Sie besuchen ihre „Nachbarn von gegenüber". Diese Populationen bauen nämlich ihre Nester an der Ostküste des Pazifiks und ernähren sich vor der Küste Kaliforniens, im tropischen Pazifik oder vor der Küste Südamerikas.

---

97 Scott R. Benson *et al.*, *Large-scale movements and high-use areas of western Pacific leatherback turtles, Dermochelys coriacea*, in „Ecosphere", 2011, 2, S. 1–7.

Der richtigen Kälte trotzen aber vor allem jene Individuen, die ihre Niststrände im Golf von Mexiko im Atlantischen Ozean haben. Auf der Suche nach Quallen absolvieren einige von ihnen eine spektakuläre Migration, bei der sie den gesamten Atlantik kreuz und quer durchschwimmen. Sie starten kurz nach der Eiablage in der Karibik, ziehen nordwärts bis nach Kanada und in die kalten Gewässer der Buchten von Cape Cod und Neuschottland, wobei sie kiloweise Quallen fressen. Von dort ziehen einige weiter nach Nordosten bis fast nach Großbritannien, um schließlich nach Süden abzudrehen: Nun steuern sie auf Afrika zu und streifen die Küsten Marokkos, der Kanaren und der Kapverden.

Nicht alle Lederschildkröten, die sich im Golf von Mexiko fortpflanzen, schlagen jedoch diesen Weg ein. So überqueren einige andere den Atlantik und steuern direkt auf die Küsten Afrikas zu, wobei sie sich einige Monate lang um Kap Verde herum aufhalten. Sie entscheiden sich offenbar für einen individuellen Weg und folgen keiner gemeinsamen Route.[98]

Im Gegensatz zu den Lederschildkröten legen die beiden Bastardschildkröten (Gattung *Lepidochelys*) auf ihrer Meereswanderung etwas kürzere Distanzen zurück. Umso bemerkenswerter ist ihre spektakuläre Fortpflanzung: die berühmte *Arribada*, bei der Tausende von Weibchen an den Strand kommen, um zeitgleich die Eier abzulegen. Die Atlantik-Bastardschildkröten *(Lepidochelys kempii)* – die am stärksten bedrohte Art dieser Meeresreptilien – verbringen die ersten Jahre in der Sargassosee, so wie die Unechten Karettschildkröten. Während des Wachstums, bei dem ihr Rückenschild von Dunkelviolett zu Graugrün wechselt, ziehen sie entlang der Küste Nordamerikas zum Golf von Mexiko und bleiben dort bis zur Geschlechtsreife. Wenn sie zehn bis zwölf Jahre alt sind, brechen sie auf, um alle zusammen zwischen April und

---

98 Graeme C. Hays *et al.*, *Pan-Atlantic leatherback turtle movements*, in „Nature", 2004, 429, S. 522; Kara L. Dodge *et al.*, *Orientation behaviour of leatherback sea turtles within the North Atlantic subtropical gyre*, in „Proceeding of the Royal Society B", 2015, 282, DOI: 10.1098/rspb.2014.3129.

August an den Stränden des Golfs ihre Nester zu bauen. Zu Zehntausenden kommen sie an die Oberfläche und besetzen die Gestade Floridas, von Padre Island vor Texas und des mexikanischen Bundesstaates Tamaulipas.

Ein noch erstaunlicheres Schauspiel aber führt ihre „Cousine", die Oliv-Bastardschildkröte oder Pazifische Bastardschildkröte *(Lepidochelys olivacea)* auf. Diese Art hält sich in den Küstengewässern der drei größten Ozeane der Welt auf, in einem Bereich bis ungefähr 1.500 Kilometer vor der Küstenlinie. Zur Paarung und Eiablage steuert sie im Südatlantik vorwiegend die Strände Venezuelas und Angolas an; im Pazifischen Ozean zumeist die Westküste Mexikos und Costa Ricas; und im Indischen Ozean vor allem den indischen Subkontinent. Und genau dort, an der Ostküste Indiens, am Strand von Gahirmatha im Distrikt Kendrapara, im Bundesstaat Odisha, liegt die weltgrößte Kolonie von Meeresschildkröten. In den Nächten Anfang November kann man dort einem einmaligen Schauspiel beiwohnen. Im Lauf einer Woche tauchen zwischen 100.000 und eine halbe Million Weibchen aus dem Wasser und schleppen sich an den Strand, um bis zu 120 Eier in dem mit den Flossen gegrabenen Loch abzulegen und dann wieder ins Blau einzutauchen.

Kapitel 6
Auf den Routen der Giganten

Die Giganten der Erde haben Flossen und können singen. Es sind die Bartenwale, Meeressäugetiere, die anstelle der Zähne Barten tragen: „Kämme" aus Keratin, die die Kleintiere, von denen sie sich ernähren, zurückhalten und das Wasser wieder abfließen lassen. Trotz ihrer unglaublichen Ausmaße, die von zehn Metern bis zu den 33 Metern des Blauwals (dem größten lebenden Tier der Erde) reichen, fressen sie einige der kleinsten Tiere des Ozeans: vorwiegend Krill und Ruderfußkrebse (Copepodea), winzige, garnelenähnliche Krebstiere, die zum Plankton gehören. Davon schlucken sie bis zu 1.800 Kilo täglich. Um ihren Bauch zu füllen, schwimmen sie gewöhnlich in kalten Gewässern, die reich an Plankton und Nährstoffen sind. Zum Kalben aber ziehen sie in warme und seichte Gewässer, in denen das Risiko, auf Raubtiere zu treffen, für die Neugeborenen geringer ist. Sie führen daher lange Wanderungen durch, auch über Tausende von Kilometern: Sie sind die wahren Pendler der Weltmeere. Und wahrscheinlich ist die Flucht vor gefährlichen Raubtieren wie den Schwertwalen einer der triftigsten Gründe, um eine so lange Reise auf sich zu nehmen.[99]

Zu denen, die sich auf solche Wanderungen einlassen, zählen die drei zu den *Eubalaena* gehörenden Glattwalarten. Bis zu 19 Meter lang und an die 70–90 Tonnen schwer, sind sie gut zu erkennen: Sie haben keine Finne (Rückenflosse); ihr Luftausstoß hat die Form eines V und sie haben Schwielen auf dem Kopf und auf

---

99 Peter J. Corkeron und Richard C. Connor, *Why do baleen whales migrate?*, in „Marine Mammal Science", 1999, 15, S. 1228–1245.

der Schnauze, die wegen der Verkrustungen durch die sogenannten „Walläuse" – in Wirklichkeit kleine Krebstiere – weiß erscheinen. Auch ihr Maul hat eine charakteristische Form: Stark nach unten gebogen, öffnet es sich oberhalb ihrer riesigen Augen. Diese Arten wandern bis zu 8.000 Kilometer pro Strecke und bieten ein Schauspiel, das man oft auch bequem von der Küste aus beobachten kann.

Zwei der bekanntesten Orte für die Beobachtung dieser Meereskolosse während ihrer Migration sind zweifellos die Beobachtungsstation Punta Flecha in Argentinien und jene von Head of Bight in Südaustralien. Dort erlebt man jedes Jahr die Wanderung von Dutzenden Südkapern oder Südlichen Glattwalen *(E. australis)*. Sie kommen, um ihre „Kleinen" zur Welt zu bringen: Ein Walkalb ist vier oder fünf Meter lang und wiegt eine Tonne. Nach zwölf Monaten Tragezeit kommen hier ihre Kälber zur Welt. Gut versorgt durch die nahrhafte Muttermilch, wachsen sie schnell heran, bevor sie mit der Mutter wieder nach Süden aufbrechen. Die Südlichen Glattwale ziehen nämlich in kleinen Gruppen zwischen den Nahrungszonen im Süden und den Fortpflanzungszonen im Norden. Auf der südlichen Halbkugel beginnt der Sommer im Dezember. Dann ziehen die Wale in die subantarktischen Gewässer, die reich an Krill sind und wo sie bis März bleiben. Bei Anbruch des Winters, der in jenen Breiten im Juni einsetzt, ziehen sie nach Norden und erreichen die Küsten Australiens[100], Neuseelands, Argentiniens und Südafrikas[101], wo sie sich fortpflanzen. Für die Geburt der Kälber wählen sie abgelegene Orte wie den Golfo Nuevo[102] in Argentinien mit seinen gemäßigten Temperaturen und seichten

---

100 Kerstin Bilgmann *et al.*, *Occurrence, distribution and abundance of cetaceans off the western Eyre Peninsula in the Great Australian Bight*, in „Deep Sea Research Part II: Topical Studies in Oceanography", https://doi.org/10.1016/j.dsr2.2017.11.006.

101 Bruce R. Mate *et al.*, *Coastal, offshore, and migratory movements of South African right whales revealed by satellite telemetry*, in „Marine Mammal Science", 2011, 27, 3, S. 455–476.

102 Alexandre N. Zerbini *et al.*, *Satellite tracking of Southern right whales (Ebalaena australis) from Golfo San Marias, Rio Negro Province, Argentina*, International Whaling commission, SC/67B/CMP/17, 2018.

Gewässern, in dem sich die Beobachtungsstation Punta Flecha befindet. Dazu kommen sie nahe an die Küste heran, wo die senkrecht zum Meer abfallenden Steilküsten dafür sorgen, dass auf jeden Fall einige Meter Wassertiefe zur Verfügung stehen. Hier erfolgt auch die Paarung.

Die anderen beiden Glattwalarten leben dagegen auf der Nordhalbkugel und folgen den Jahreszeiten, die uns vertraut sind. Von den Glattwalen, die im Nordpazifik leben *(E. japonica)*, wissen wir wenig, da sie durch die Jagd fast ausgerottet wurden. Man weiß aber, dass sie sich im Frühling und Sommer zwischen dem Beringmeer und dem Golf von Alaska im Osten sowie dem Ochotskischen Meer und den Kurilen im Westen aufhalten; ihre Fortpflanzungsstätten kennt man jedoch nicht genau. Wahrscheinlich erreichen sie dieses Gebiet, indem sie im Frühling nach Norden ziehen. Wo sie den Winter verbringen, wissen wir ebenso wenig; vielleicht noch dort, wo einst ihre Winterquartiere waren: die Meere weiter im Süden, wie etwa das Japanische Meer im Westen oder die Baja California im Osten. Die Chancen, sie zu sichten, sind jedoch auf ein Minimum geschrumpft.[103]

Der Atlantische Nordkaper *(E. glacialis)* dagegen verbringt die Frühlings-, Sommer- und Herbstmonate mit Fressen entlang der nordamerikanischen und kanadischen Ostküste, von Connecticut bis nach Neuschottland, und besucht den Golf von Maine zwischen Cape Cod und der Bay of Fundy.[104] Mit der ersten Winterkälte zieht er jedoch nach Süden in die warmen Gewässer Georgias

---

103 Philipp J. Clapham *et al.*, *Distribution of North Pacific right whales (Eubalaena japonica) as shown by 19th and 20th century whaling catch and sighting records*, in „Journal of Cetacean Research and Management", 2004, 6, S. 1–6; Tim D. Smith *et al.*, *Spatial and seasonal distribution of american whaling and whales in the age of sail*, in „Plos One", 2012, https://doi.org/10.1371/journal.pone.0034905; Ekaterina Ovsyanikova *et al.*, *Opportunistic sightings of the endangered North Pacific right whales (Eubalaena japonica) in Russian waters in 2003–2014*, in „Marine Mammal Science", 2015, 31, S. 1559–1567.

104 Genevieve E. Davis *et al.*, *Long-term passive acoustic recordings track the changing distribution of North Atlantic right whales (Eubalaena glacialis) from 2004 to 2014*, in „Scientific Reports", 2017, 7, Artikelnummer: 13460.

und Floridas. Hier bringen die Walkühe ihre Kälber zur Welt, die, vor Räubern geschützt, Zeit zum Wachsen haben, bevor sie mit der Mutter wieder nach Norden aufbrechen.

Entlang der Westküste Nordamerikas führt eine andere gut bekannte Wanderung: die des Grauwals *(Eschrichtius robustus)*. Um seine Geschichte zu erzählen, müssen wir aber einen Schritt zurückgehen.

Diese Art war früher in allen Meeren der Nordhalbkugel verbreitet, einst sogar im Mittelmeer. Einer Untersuchung aus dem Jahr 2018 zufolge kamen die Wale aus dem Atlantik zum Kalben dorthin.[105] In heutiger Zeit dagegen gab es die einzige Sichtung seit über 300 Jahren im Frühling 2010: Forscher des Israel Marine Mammal Research & Assistance Center entdeckten ein ausgewachsenes Tier von 12 Metern Länge vor der Küste der israelischen Stadt Herzlia.[106] Höchstwahrscheinlich kam dieses Exemplar von den Küsten Alaskas ins Mittelmeer, quer über das Nordpolarmeer, und nutzte dabei den Rückgang der arktischen Eismassen.

Die intensive Waljagd zwischen dem 18. und 20. Jahrhundert brachte die Grauwale an den Rand der Ausrottung: Erst verschwanden sie aus dem Nordatlantik, dann waren auch vor den asiatischen Küsten des Nordpazifik kaum mehr welche zu sehen; inzwischen halten sich dort nur noch 130 Individuen auf, von denen man annimmt, dass sie zwischen dem Ochotskischen Meer im Norden Japans und Südkorea wandern. Entlang der amerikanischen Pazifikküsten ist nur eine Grauwalpopulation übrig geblieben: Sie umfasst 20.000–22.000 Exemplare, die von Alaska nach Baja California ziehen. Ab Mitte November, wenn das arktische Eis wächst, brechen die Grauwale zu ihrer Reise in Richtung Süden auf. Sie schwimmen Tag und Nacht und schaffen dabei unge-

---

105 Ana S. L. Rodrigues *et al.*, *Forgotten Mediterranean calving grounds of grey and North Atlantic right whales: evidence from Roman archaeological records*, in „Proceeding of the Royal Society B", 2018, 285, DOI: 10.1098/rspb.2018.0961.

106 Aviad P. Scheinin *et al.*, *Gray whale (Eschrichtius robustus) in the Mediterranean Sea: Anomalous event or early sign of climate-driven distribution change?*, in „Marine Biodiversity Records", 2011, 4, DOI: 10.1017/S1755267211000042.

fähr 120 Kilometer am Tag mit einer Geschwindigkeit von etwa zehn Kilometern in der Stunde. In zwei oder drei Monaten legen sie 8.000–10.000 Kilometer zurück und ziehen dabei vom kalten Beringmeer und der Tschuktschensee bis vor die Küste und in die Lagunen der Baja California; so absolvieren sie – hin und zurück – eine der längsten Migrationen unter den Bartenwalen: 15.000–22.000 Kilometer. Dort, in den warmen und ruhigen Gewässern der Buchten von San Ignacio, der Bahia Magdalena und der Lagune von Ojo de Liebre, kalben die trächtigen Weibchen nach einer Tragezeit von mehr als einem Jahr. Wer sich noch nicht paaren konnte, hat während der gesamten Migration in den Süden und nach der Ankunft am Bestimmungsort dafür Zeit. Zwischen Ende Januar und Anfang März treten dann die Männchen und die Weibchen, die nicht gekalbt haben, die Rückreise nach Norden an. Die Mütter mit ihren Jungen, die über 1.000 Liter Milch am Tag trinken, starten später: zwischen April und Mai.[107]

Ein neun Jahre altes Grauwalweibchen namens „Varvara" (Russisch für Barbara) brach auf der Wanderung sämtliche Rekorde. Dank satellitengestützter Überwachung entdeckten die Forscher, dass Varvara in 179 Tagen den gesamten Nordpazifik überquerte, von der Baja California immer nach Norden entlang der Westküste Nordamerikas über das Beringmeer bis vor die russische Insel Sachalin: eine Rekordreise von 22.500 Kilometern.[108]

Noch unglaublicher und außergewöhnlicher ist, dass die Wale bei der Migration singen. Wie ein Vogelschwarm während des Zuges kommunizieren auch die Wale auf diesen langen Reisen miteinander und rufen sich. Was sie sich sagen, weiß man noch nicht genau, sicher aber ist, dass die Lautreihungen unterschiedliche Funktionen haben: von der sozialen Kommunikation mit anderen

---

107 William F. Perrin, Bend Wursig und J. G. M. Thewissen, *Encyclopedia of Marine Mammals*, Second Edition, Academic Press, San Diego, USA, 2009, S. 503–511.
108 Bruce R. Mate *et al.*, *Critically endangered western gray whales migrate to the eastern North Pacific*, in „Biology Letters", 2015, 11, DOI: 10.1098/rsbl.2015.0071.

Gruppenmitgliedern zu der zwischen Mutter und Kind bis hin zu Mitteilungen über Futtervorkommen. Und die Grauwale sind hierbei noch größere Plaudertaschen als die Glattwale.[109]

Der wahre Rockstar der Ozeane ist jedoch der Buckelwal *(Megaptera novaeangliae)*: Sein Gesang ist einer der komplexesten des Tierreichs. Indem sie singen, kommunizieren Buckelwale miteinander und geben dabei Töne von sich, die von 20 Hz bis 24 kHz reichen, das heißt, vom tiefsten Infraschall bis zum höchsten Ultraschall. Ihre melodiösen „Gesänge", die auch für das menschliche Ohr hörbar sind, wurden 1967 von Roger Payne und Scott McVay entdeckt, die ihre Untersuchung 1971 in *Science* veröffentlichten.[110] Und von da an inspirierten diese Melodien sogar Musiker und Sänger. Die Buckelwale singen zum Beispiel in der Fortpflanzungssaison, um sich bis zu 30 Minuten lang ununterbrochen zu umwerben; auch um zu kommunizieren oder um sich während der Nahrungsaufnahme an großen Sardinen- oder Krillschwärmen zu koordinieren, geben sie eine breite Skala von Tönen von sich. Ihr Geplauder auf den Infraschallfrequenzen kann sich im Ozean über mehrere Tausend Kilometer ausbreiten. Das Unglaublichste an dieser musikalischen Kommunikation ist jedoch die Tatsache, dass jede Population ihren eigenen „Dialekt" hat. Das „Walisch" der atlantischen Population entspricht nicht dem des Pazifik oder des Indischen Ozeans, und manchmal sind die Unterschiede noch subtiler. Doch damit nicht genug: Ebenso wie bei den menschlichen Sprachen, findet eine kulturelle Entwicklung statt. Die Dialekte ändern sich nicht nur räumlich, sondern auch mit der Zeit. Und gerade ihre Reisen durch die Ozeane ermöglichen es den Walen,

---

109 Regina A. Guazzo *et al.*, *Migratory behavior of eastern North Pacific gray whales tracked using a hydrophone array*, in „Plos One", https://doi.org/10.1371/journal.pone. 0185585; Rianna Burnham *et al.*, *Gray Whale (Eschrictius robustus) Call Types Recorded During Migration off the West Coast of Vancouver Island*, in „Frontiers in Marine Science", 2018, https://doi.org/10.3389/fmars.2018.00329.

110 Roger S. Payne und Scott McVay, *Songs of Humpback Whales*, in „Science", 1971, 173, S. 585–597.

neue Lieder zu lernen oder sich eine soeben gehörte Strophe anzu-eignen.[111]

Die Buckelwale sind nicht nur versierte Sänger, sondern auch außergewöhnliche Wanderer. Regelmäßig führen die rund 16 Me-ter langen Wale ihre 40 Tonnen Gewicht durch die Ozeane spa-zieren. Wie die Grauwale und Südkaper ziehen sie von den Polar-regionen, in denen sie sich ernähren, in die subtropischen und tropischen Regionen, wo sie sich paaren und kalben. Auf dieser Hin- und Rückreise legen sie bis zu 25.000 Kilometer zurück, wo-bei sie auf beachtliche Energiereserven in Form von Fett zählen können. Während der ganzen Reise und sogar während des Säu-gens fasten die Buckelwale und greifen weitgehend auf die in den polaren Nahrungsstätten angeeigneten Reserven zurück. In den tropischen Gewässern herrscht nämlich kein Überfluss an der von ihnen bevorzugten Kost, dem Krill, und daher weichen sie ab und an auf Kleinfischschwärme aus.[112]

In den Polarmeeren, in denen sich die Buckelwale den Sommer über aufhalten, verdrücken sie bis zu 20 Stunden am Tag Unmen-gen von Krill und kleinen Fischen, zumeist mit einer Technik, die man *bubble feeding* nennt. Dazu muss man in einer Gruppe oder zumindest zu zweit jagen, es kann aber auch zu Ansammlungen von bis zu 60 Buckelwalen kommen. Wenn sie auf einen ausreichend großen Schwarm von Sardinen oder anderen Fischen stößt, beginnt die Gruppe der Buckelwale ihn zu umkreisen und von unten Luft auszustoßen, wodurch sie einen regelrechten kreis- oder spiral-förmigen Vorhang aus Luftblasen erzeugt, der den Fischschwarm

---

111 Michael J. Noad *et al.*, *Cultural revolution in whale songs*, in „Nature", 2000, 408, S. 537; Ellen C. Garland *et al.*, *Song hybridization events during revolutionary song change provide insights into cultural transmission in humpback whales*, in „Proceedings of the National Academy of Science", 2017, 114, S. 7822–7829; Michael Mcloughlin *et al.*, *Using agent-based models to understand the role of individuals in the song evolution of humpback whales (Megaptera novaeangliae)*, in „Music & Science", 2018. https://doi.org/10.1177/2059204318757021.

112 Kylie Owen *et al.*, *Potential energy gain by whales outside of the Antarctic: prey prefe-rences and consumption rates of migrating humpback whales (Megaptera novaeangliae)*, in „Polar Biology", 2017, 40, S. 277–289.

einfängt.[113] Diese Wand aus Blasen funktioniert wie ein Fang-
netz – *bubble net* – und kann einen Durchmesser von bis zu 30
Metern erreichen. Im richtigen Moment nehmen dann alle auf ein
Signal hin zusammen Anlauf aus der Tiefe und stoßen mit geöff-
netem Maul an die Oberfläche. Auf diese Weise nehmen sie bis zu
60.000–70.000 Liter Salzwasser auf, das sie dann mit Macht nach
außen drücken, wobei die Beute von den Barten wie durch einen
Filter zurückgehalten wird. Diese unglaubliche Aktion, die sogar
die Meeresoberfläche zum Brodeln bringt, wird durch Rufe koordiniert, und die beteiligten Individuen haben unterschiedliche
Aufgaben: Die einen erzeugen die Blasen, andere schwimmen in
die Tiefe, um den Fischschwarm an die Oberfläche zu treiben, wieder andere stoßen Laute aus, um den Schwarm zusammenzudrän-
gen. Diese außergewöhnliche Jagdtechnik ist nicht angeboren,
sondern ein erlerntes Verhalten: Nicht alle Buckelwale der Welt
sind fähig, mit einem *bubble net* zu jagen.

Nachdem sie sich das nötige Fett angefressen haben, brechen die
Buckelwale beim Herannahen des Winters zu ihrer Reise in die
Tropen und die Äquatorialgewässer auf. Je nachdem, auf welcher
Halbkugel sie leben, suchen sie die Westküsten Mexikos, die Kari-
bik, die Gewässer vor der Küste Mauretaniens, die Hawaii-Inseln
oder die Gewässer vor den Küsten Perus oder Brasiliens, den Golf
von Guinea oder die Gewässer im Norden Australiens auf. Jüngsten
Untersuchungen zufolge können sich aus der Populationsdynamik
und -entwicklung auch andere Wanderrouten ergeben.[114] Auf jeden
Fall sind es die tropischen Gewässer, in denen die trächtigen Weib-

---

113 Timothy G. Leighton *et al.*, *Trapped within a wall of sound', A possible mechanism for the
bubble nets of humpback whales*, in „Acoustic Bulletin", 2004, 29, S. 24–29; Timothy G.
Leighton *et al.*, *An acoustical hypothesis for the spiral bubble nets of humpback whales, and
the implications for whale feeding*, in „Acoustic Bulletin", 2007, 32, S. 17–21.

114 Tammy Iwasa-Arai *et al.*, *The host-specific whale louse (Cyamus boopis) as a potential
tool for interpreting humpback whale (Megaptera novaeangliae) migratory routes*, in
„Journal of Experimental Marine Biology and Ecology", 2018, 505, S. 45–51; Logan
J. Pallin *et al.*, *High pregnancy rates in humpback whales (Megaptera novaeangliae)
around the Western Antarctic Peninsula, evidence of a rapidly growing population*, in
„Royal Society Open Science", 2018, 5, DOI: 10.1098/ rsos.180017.

chen ihr einziges Kalb zur Welt bringen und säugen, wobei sie ihre eigenen Fettreserven aufbrauchen. Die nicht trächtigen Weibchen dagegen paaren sich dort mit den Männchen, die mit eindrucksvollen Kunststücken und Liebesgesängen eine regelrechte Show abziehen. Wenn es dann Sommer wird, brechen alle wieder zu den Polen auf. Nur die Jungmütter legen häufig einen langsameren Gang ein, um sich dem Rhythmus ihres Neugeborenen anzupassen und es gegen Angriffe von Schwertwalen zu verteidigen.

Der wahre Gigant der Meere, das größte Tier überhaupt, ist der Blauwal *(Balaenoptera musculus)*: Er ist rund 30 Meter lang und 130 Tonnen schwer, kann aber auch 33 Meter lang und 180 Tonnen schwer werden. Wie seine Vettern pendelt er zwischen den Polarzonen und tropischen Gewässern, um in ruhigen Gegenden zu kalben und sich zu paaren. Einem kleinen Giganten das Leben zu schenken ist eine beachtliche Anstrengung: Es bedeutet, ein sieben Meter langes und zweieinhalb Tonnen schweres Walkalb zur Welt zu bringen, das ungefähr zehn bis zwölf Monate im Mutterleib war. Nach der Geburt trinken die Kälber an die 300–400 Liter Milch am Tag und nehmen täglich 90 Kilo zu. Das schaffen sie, weil die Milch des Blauwals mit ungefähr 4.000 Kilokalorien pro Liter extrem nahrhaft ist. Sie enthält bis zu 50 Prozent Fette und 13 Prozent Proteine. Zum Vergleich: Die menschliche Milch hat nur einen Fettgehalt von ca. vier Prozent.

Über die Reisen des Blauwals durch die Ozeane weiß man allerdings nur wenig. Seine Routen sind zum Großteil unbekannt, und einige Gebiete bleiben das ganze Jahr über „bewohnt". Aus verschiedenen Untersuchungen wissen wir, dass es Individuen gibt, die sich dauerhaft in einem Gebiet mit hoher Primärproduktion (also mit viel Krill, Plankton und Fischen, die sie besonders gern fressen) aufhalten, während andere Gruppen lange Wanderungen zwischen den Polar- und Tropenzonen unternehmen.[115] Wieder

---

115 Peter C. Gill *et al.*, *Blue whale habitat selection and within-season distribution in a regional upwelling system off southern Australia*, in „Marine Ecology Progress Series", 2011, 421, S. 243–263; Véronique Lesage *et al.*, *Foraging areas, migratory movements*

andere sollen nur kürzere Wanderungen unternehmen. Kurzum, die Situation scheint jener der Zugvögel zu ähneln: Es gibt Langstreckenzieher, Kurzstreckenzieher und Teilzieher.

Die Schwierigkeit für die Blauwalforscher besteht darin, dass diese kosmopolitische Art in Wirklichkeit aus rund zehn verschiedenen Populationen besteht, die wiederum zu drei verschiedenen Unterarten gehören: Die Unterart *B. m. musculus* lebt in den Ozeanen der Nordhalbkugel, *B. m. intermedia*, der Antarktische Blauwal, hält sich im Südsommer im Südpolarmeer auf, und *B. m. brevicauda*, auch als Zwergblauwal bekannt, weil er kleiner als die anderen ist, trifft man im Indischen Ozean und im Südpazifik an. Es gibt also Populationen, die entlang der Küsten Grönlands, in kanadischen Gebieten wie Neuschottland und dem Sankt-Lorenz-Golf oder zwischen den Azoren und Island wandern. Der Antarktische Blauwal zieht zwischen der Antarktis und den Küsten Afrikas oder in Richtung Australien. Entlang der nordwestlichen Küsten des Pazifischen Ozeans hingegen ist die japanische Blauwalpopulation fast vollständig ausgestorben; nur sporadisch wurden Sichtungen verzeichnet. Gut zu beobachten ist sie hingegen vor der Küste Kaliforniens, wo sie im Winter ihre Kälber zur Welt bringt. Sehr wenig wissen wir dagegen von den Wanderungen der Zwergblauwale im Indischen Ozean: Die Migration dieser bis zu 24 Meter langen „Zwerge" scheint weniger von Norden nach Süden, sondern eher von Nordosten nach Südwesten zu verlaufen. Wahrscheinlich wandern sie zwischen Dezember und Januar nach Osten in ein Gebiet nördlich der Malediven und südlich von Sri Lanka und kehren zwischen April und Mai in den Westen zurück, wobei sie vielleicht dem Monsun folgen.[116]

and winter destinations of blue whales from the western North Atlantic, in „Endangered Species Research", 2017, 34, S. 27–43; Rodrigo Hucke-Gaete *et al.*, *From Chilean Patagonia to Galapagos, Ecuador: novel insights on blue whale migratory pathways along the Eastern South Pacific*, in „PeerJ", 2018, 6. DOI: 10.7717/peerj.4695.

116 Charles R. Anderson *et al.*, *Seasonal distribution, movements and taxonomic status of blue whales (Balaenoptera musculus) in the northern Indian Ocean*, in „Journal of Cetacean Research and Management", 2012, 12, S. 203–218.

Jede Population hat also ihre eigenen Reiserouten und sogar ihren eigenen Dialekt. Denn wie die Buckelwale singen auch die Blauwale, wenngleich ihre Gesänge weniger variabel und deutlich kürzer sind. Auf ihren Tausende Kilometer langen Reisen stoßen sie auch eine Reihe anderer Verständigungssignale aus, die von 90 bis 10 Hz, also bis weit hinunter zu den Infraschallfrequenzen reichen. Es ist nicht schwer zu erraten, warum sich in der Evolution dieser Giganten die akustische Kommunikation und speziell Infraschallwellen durchgesetzt haben. Im Wasser pflanzt sich der Schall nämlich schneller fort als in der Luft: mit ungefähr 1505 Metern pro Sekunde im Salzwasser (abhängig von Temperatur und Salzgehalt) gegenüber 360 Metern pro Sekunde in der Luft. Unglaublich, wie viel die Kolosse der Meere mit den Kreaturen des Himmels, den Zugvögeln, gemein haben, von ihren regelmäßigen Reisen bis hin zur Verständigung über Gesänge.

II

Kapitel 7
Unterwegs im Ozean

Zu Beginn des Winters auf der Südhalbkugel, zwischen Mai und Juli, brodelt das Meer entlang der Küsten Südafrikas. Im kristallklaren Wasser bilden sich große dunkle Flecken, in denen es wimmelt und die selbst vom Land aus sichtbar sind. Es beginnt eine der spektakulärsten Massenwanderungen im Tierreich: der *sardine run* oder Wettlauf der Sardinen.

In dieser Zeit des Jahres ziehen Millionen von Sardinen *(Sardinops sagax ocellatus)* von ihren Laichgründen vor Kap Agulhas, dem südlichsten Punkt Afrikas, entlang der Küste nach Nordosten. Ein Marathon von mehr als 1.000 Kilometern, der sie bis vor die Küste von Durban in der Provinz KwaZulu-Natal im Nordosten Südafrikas führt. Bei diesem „Wettlauf" schwimmen sie an der Oberfläche und bleiben in Küstennähe. Sie bilden bis zu sieben Kilometer lange und an die zwei Kilometer breite Schwärme mit insgesamt ungefähr 30.000 Tonnen Sardinen: ein langes Silberband von 430 Millionen Individuen, die sich im Gleichklang fortbewegen.[117] Das ganze Gedränge zieht jedoch auch Räuber an:[118] Die wandernden Schwärme werden auf ihrem Weg von Dutzenden Langschnäuzigen Gemeinen Delfinen *(Delphinus capensis)* und

117 M. J. Armstrong *et al.*, *Occurrence and population structure of pilchard Sardinops ocellatus, round herring Etrumeus whiteheadi and anchovy Engraulis capensis off the east coast of southern Africa*, in „South African Journal of Marine Science", 1991, 11, S. 227–249; *Sharks, whales and dolphins feast: South Africa's sardine*, in „National Geographic", 4. November 2016.

118 S. H. O'Donoghue *et al.*, *Abundance and distribution of avian and marine mammal predators of sardine observed during the 2005 KwaZulu-Natal sardine run survey*, in „African Journal of Marine Science", 2010, 32, S. 361–374.

Indopazifischen Großen Tümmlern *(Tursiops aduncus)*, aber auch von verschiedenen Arten von Haien, Thunfischen und gelegentlich dem einen oder anderen einzelgängerischen Fächer- oder Segelfisch *(Istiophorus spec.)* angegriffen. Beim Versuch, sich zu schützen, rücken die Sardinen eng zusammen. Der Schwarm nimmt die Form einer Kugel an, *bait ball* genannt, die einen Durchmesser von bis zu 20 Metern erreichen kann und die geringstmögliche Anzahl von Fischen der Gefahr aussetzt, gefressen zu werden. Diese Taktik reicht jedoch nicht aus, bald sitzen die Sardinen in der Falle. Angriffe von unten durch Fische und Delfine veranlassen sie, immer näher an die Oberfläche zu kommen und sich in immer kleinere Gruppen aufzuteilen, während sich von oben Hunderte Kaptölpel *(Morus capensis)* auf sie stürzen. Diese großen, weiß und schwarz gefiederten Seevögel mit spitzem Schnabel und cremefarbenem Kopf steigen hoch in die Luft, legen die Flügel an den Körper und stoßen wie ein Torpedo ins Wasser. Sie erreichen bei ihrem Sturzflug Geschwindigkeiten von 80 Stundenkilometern und können bis zu 30 Meter tief tauchen.[119] Die Angriffe von allen Seiten lassen den kleinen silbernen Fischen kaum eine Chance. Manchmal beteiligen sich auch noch die Kapscharben aus der Familie der Kormorane *(Phalacrocorax capensis)*, Südafrikanische Seebären *(Arctocephalus pusillus)*, Brillenpinguine *(Spheniscus demersus)* und sogar die Giganten der Meere am Festmahl: Aus den Tiefen des Ozeans tauchen Buckelwale, Glattwale und Blauwale empor, die dem restlichen Fischschwarm kurzerhand den Garaus machen.

Es ist ein unvergleichliches Naturschauspiel, vielleicht eine der in Dokumentarfilmen und Fotografien am häufigsten zelebrierten Szenen. Und obwohl die Sardinen eine auch vom Menschen stark ausgebeutete Tierart sind, wissen wir über dieses Phänomen, das am 4. August 1853 zum ersten Mal beobachtet wurde, noch recht wenig.

---

119 Yan Ropert-Coudert *et al.*, *Between air and water: the plunge dive of the Cape Gannet Morus capensis*, in „Ibis", 2004, 146, S. 281–290.

Die afrikanischen Sardinen leben in Gewässern mit Temperaturen ungefähr zwischen zehn und 20 Grad Celsius und pflanzen sich im Bereich der Agulhasbank fort, einem Unterwasserausläufer der afrikanischen Kontinentalplatte, der sich bis 250 Kilometer vor die Küste zieht und allmählich von 50 auf 200 Meter absinkt, bis er schließlich an seinem südlichen Rand steil bis in eine Tiefe von 1.000 Metern abfällt. Das ist das eigentliche Kap der Guten Hoffnung. Hier begegnen sich der Atlantik und der Indische Ozean, der den warmen Agulhasstrom mitführt, einen der schnellsten auf der Erde: Er fließt mit einer Geschwindigkeit von zwei Metern pro Sekunde an der Oberfläche des Indischen Ozeans entlang der Ostküste Südafrikas nach Südwesten. Nachdem er Kap Agulhas erreicht hat, ändert er die Richtung, wendet und kehrt nach Osten zurück, wobei er Wirbel erzeugt, die die gleichmäßige warme Strömung unterbrechen. Am Kap Agulhas vermischen sich also die beiden Ozeane und es entsteht eine Zone, die so reich an Nahrung und Meeresvielfalt ist wie kaum eine andere. Das dort aufsteigende kalte und nährstoffreiche Tiefenwasser regt das Wachstum der Primärproduzenten, des Phytoplanktons, an, das wiederum die Grundlage der Nahrungskette ist. Kurzum, die Agulhasbank ist ein wahres Paradies für die Sardinen, aber auch für zahllose andere Arten, die dort leben und laichen. Warum also woandershin ziehen? Um dann in Richtung der Provinz KwaZulu-Natal weiterzuwandern, deren Gewässer auch im Winter 23 Grad Celsius erreichen und damit für die Sardinen zu warm und außerdem arm an Nahrung sind?

Im Grunde verlassen die Sardinen die kalten Gewässer jedoch nie wirklich, denn in den Wintermonaten entsteht dank der Wirbel, die der Agulhasstrom bildet, ein oberflächennaher Kaltwasserstrom, der in Küstennähe von Süden nach Norden in Gegenrichtung zum Agulhasstrom fließt. Die Schwärme folgen dieser schmalen Kaltwasserzunge, die durch die Küstenzone und den warmen Agulhasstrom begrenzt wird und sich nach Port Edward noch weiter verengt. Deshalb schwimmen sie so nahe am Ufer, der

Weg ist durch die Temperatur vorgegeben. Was aber treibt sie zu diesem irrsinnigen Wettlauf, der fast einem Massenselbstmord gleichkommt? Sehr wahrscheinlich handelt es sich um eine jahreszeitliche Laichwanderung einer Unterart von Sardinen, die sich genetisch von der unterscheidet, die am Kap Agulhas laicht.[120] Es wurden nämlich auch Eier vor der Küste der Provinz KwaZulu-Natal gefunden, wo die Sardinen, die die Wanderung überleben, anscheinend mehrere Monate bleiben, um von Juli bis Dezember zu laichen. Wir wissen aber nicht, wie sie sich orientieren, ob sie sich irgendwie an den Ort erinnern, an dem sie geboren wurden, ob sie also zum *natal homing* fähig sind, und wir wissen auch nicht, wann und wie sie an die Agulhasbank zurückkehren. Den Wettlauf der Sardinen kann man nur in den Monaten Mai bis Juli beobachten und die Schwimmrichtung der Sardinen ist immer die gleiche: Nordosten. Der *sardine run* ist nämlich nur die von der Küste aus sichtbare Wanderung dieser Sardinenpopulation während des Südwinters. Selbstverständlich kehren sie an die Agulhasbank zurück, und zwar gegen Ende des Winters, ab Dezember. Über diese Rückwanderung wissen wir jedoch sehr wenig. Wahrscheinlich spielt sie sich in der Tiefe ab, und zwar aus zwei Gründen: um ein weiteres Gemetzel zu verhindern, vor allem aber, um die im Sommer noch wärmeren oberflächennahen Gewässer zu meiden.

Doch die Sardinen wandern nicht nur vor Südafrika. Es wandern auch die anderen sechs Unterarten wie jene, die in Japan und vor der Küste Kaliforniens leben. Die Japanischen Sardinen *(Sardinops sagax melanostictus)* zum Beispiel laichen zwischen November und April an der Pazifikküste des Landes der aufgehenden Sonne, zumeist im Süden an den Küsten der Insel Kyūshū, wo Nagasaki liegt, bis nördlich der Insel Honshū mit der Hauptstadt

---

120 P. Fréon *et al.*, *A review and tests of hypotheses about causes of the KwaZulu-Natal sardine run*, in „African Journal of Marine Science", 2010, 32, S. 449–479; C. D. van der Lingen *et al.*, *Overview of the KwaZulu-Natal sardine run*, in „African Journal of Marine Science", 2010, 32, S. 271–277.

Tokio. Danach begeben sich die erwachsenen Exemplare und die Jungfische auf Wanderschaft, wobei sie dem Kuroshio-Strom folgen, der den Pazifik aufwärts durchströmt. Im Sommer ziehen sie weiter nach Norden, bis sie auf den Oyashio-Strom stoßen, der aus dem Nordpolarmeer kommt. Im Winter schließlich kehren die geschlechtsreifen Individuen in den Süden Japans zurück, um sich fortzupflanzen, während die Jungen in jenem Gebiet überwintern, in dem sich die beiden Strömungen, die sie geleitet haben, begegnen, ungefähr auf der Höhe von Tokio.[121]

Die kalifornischen Sardinen *(Sardinops sagax caeruleus)* lassen sich dagegen in zwei – wahrscheinlich drei – Populationen unterteilen, die an der kalifornischen Küste bis hin zum Golf von Kalifornien leben. Und es ist die weiter nördlich beheimatete Population, die eine lange Wanderung von ungefähr 4.000 Kilometern hin und zurück unternimmt: von den Küsten Kaliforniens bis nach Kanada. Die ausgewachsenen Tiere starten im April in kalifornischen Gewässern und ziehen nach Norden, wobei sie dem Küstenverlauf folgen und im Juni jenen Abschnitt des Pazifischen Ozeans erreichen, an den die Bundesstaaten Oregon und Washington grenzen. Die älteren Exemplare dringen weiter nach Norden vor, bis Britisch-Kolumbien, und laichen dort im Sommer, wobei sie vom Überfluss an Plankton-Nahrung profitieren. Im Herbst brechen die ausgewachsenen Exemplare dann wieder nach Süden auf, um das südliche Kalifornien zu erreichen, während die Jungen – die noch nicht in der Lage sind, eine 2.000 Kilometer lange Reise zu bewältigen – ein Jahr lang in den Gewässern bleiben, in denen sie zur Welt gekommen sind.[122] Wie immer ziehen die großen Fischschwärme Räuber an: Thunfische, Pelikane, Seelöwen und Wale. Und auch Fischer: Nach Schätzungen der Nationalen

---

121 Kostantinos Ganias, *Biology and Ecology of Sardines and Anchovies*, CRC Press, Boca Raton, Florida, 2014, S. 218–220.

122 *Ibid.*, S. 222–223; Jenny Mc Daniel *et al.*, Ev*idence that the Migration of the Northern Subpopulation of Pacific Sardine (Sardinops sagax) off the West Coast of the United States Is Age-Based*, in „Plos One", 2016, 11, DOI: 10.1371/journal.pone.0166780.

Ozean- und Atmosphärenbehörde der USA (NOAA – National Oceanic and Atmospheric Administration)[123] schwimmen heute längs der Westküste der Vereinigten Staaten etwas mehr als 52.000 Tonnen Sardinen. Etwa ein Drittel der Menge, die dort eigentlich sein sollte: Denn um der Überfischung vorzubeugen, hat die NOAA festgelegt, dass nach dem Fischfang ein Bestand von mindestens 150.000 Tonnen Sardinen verbleiben muss. Damit sich die Population wieder erholt, wurde außerdem ein vierjähriges Fangverbot verhängt.

Die berühmtesten Meereswanderer unter den Knochenfischen, zu denen auch die Sardinen gehören, sind jedoch die Thunfische, insbesondere der auch im Mittelmeer heimische Rote Thun *(Thunnus thynnus)*. Der erste wissenschaftliche Bericht, wenn wir ihn so nennen wollen, über die Wanderung dieser Spezies geht auf das Jahr 350 v. Chr. zurück und stammt von Aristoteles. Der griechische Gelehrte beschrieb die Wanderungen im Ägäischen und Schwarzen Meer dieses großen Hochsee-Raubfisches, der über drei Meter lang und 700 Kilo schwer werden kann.[124] Heute wissen wir, dass sich das Areal des Atlantischen Roten Thun (entsprechend seiner englischen Bezeichnung auch Atlantischer Blauflossenthunfisch genannt) von der amerikanischen Ostküste bis zum zentralen Mittelmeer erstreckt und von mindestens zwei genetisch verschiedenen Populationen bevölkert ist, einer amerikanischen und einer mediterranen, die sich in mehrfacher Hinsicht unterscheiden: Sie ernähren und pflanzen sich in verschiedenen Zonen fort, wobei die jeweiligen Umweltbedingungen, Jahres- und Lebensabschnitte leicht voneinander abweichen. Beide unternehmen jedoch lange Wanderungen zwischen den Laich- und Futtergebieten, weisen ein ausgeprägtes *natal homing* auf und leben auch nicht

123 Kevin T. Hill *et al.*, *Assessment of the Pacific Sardine Resource in 2018 for U.S. Management in 2018–2019*, US Department of Commerce, NOAA Technical Memorandum NMFS-SWFSC-600, 2018, https://doi.org/10.7289/V5/TMSWFSC-600.

124 Barbara A. Block *et al.*, *Migratory movements, Depth preferences, and thermal biology of Atlantic Bluefin Tuna*, in „Science", 2001, 239, S. 1310–1314.

wirklich voneinander getrennt: Sie begegnen sich viel häufiger, als man denkt. Doch der Reihe nach.

Die amerikanische Population des Atlantischen Roten Thun laicht zwischen März und Juli im Golf von Mexiko; die geschlechtsreifen Tiere sind mindestens zwei Meter lang und nach der Klassifizierung der Fischkundler etwa zehn bis elf Jahre alt. Die erwachsenen Tiere schwimmen in einer Tiefe von ungefähr 550 Metern in den Golf und versammeln sich dort. An Laichtagen schwimmen sie etwas näher an der Oberfläche, in einer Tiefe von ungefähr 200 Metern, wobei sie Gewässer mit einer Oberflächentemperatur zwischen 24 und 27 Grad bevorzugen.[125] Die riesigen Schwärme beginnen sich im Kreis zu drehen und erzeugen einen Strudel, der das Wasser in eine Wirbelbewegung versetzt. Dann stoßen Männchen und Weibchen gleichzeitig ihre Gameten ab: Schätzungsweise 30 bis 60 Millionen Eier[126] werden zusammen mit Samenwolken in das Zentrum des Wirbels gesaugt. Viele Eier werden letztlich von anderen Fischen gefressen, doch die Glücklichen, die später aus den befruchteten Eiern schlüpfen, schließen sich schon bald den Eltern an und kehren jedes Jahr zum Laichen in den Golf zurück. Das Laichspektakel wiederholt sich mehrmals, und nach dem Ende der Laichperiode verbringen die ausgewachsenen Exemplare den Rest des Jahres zumeist entlang der Küsten Nordamerikas bis zum zentralen Nordatlantik, auf der Suche nach Kalmaren, Sardinen, Heringen und Makrelen.

Im Mittelmeer dagegen pflanzen sich die Thunfische im Frühling und Sommer an zumindest zwei Orten fort: im Osten, in der Nähe von Zypern, zwischen Mai und Juni; und im mittleren und westlichen Mittelmeer, also in Süditalien und an den Balearen, zwischen Juni und Juli. Die Laichsaison ist also im Mittelmeer

---

125 Steven L. H. Teo *et al.*, *Annual migrations, diving behavior, and thermal biology of Atlantic bluefin tuna, Thunnus thynnus, on their Gulf of Mexico breeding grounds*, in „Marine Biology", 2007, 151, S. 1–18.
126 Baglin RE Jr, *Reproductive biology of western Atlantic bluefin tuna*, in „Fish Bulletin", 1982, 80, S. 121–134.

etwas kürzer und die Thunfische laichen dort bereits, wenn sie etwas länger als einen Meter sind, also mit vier bis fünf Jahren. Die Geschlechtsreife scheint demnach bei der westlichen, im Golf von Mexiko laichenden Population später einzutreten. Außerdem werden im Mittelmeer weniger Eier befruchtet – immerhin zwischen 13 und 15 Millionen pro weiblichem Exemplar[127] – und die Fische bevorzugen kältere Gewässer mit Temperaturen von etwa 23,5–25 Grad. Nach Abschluss der Laichsaison verbringen die Thunfische aus dem Osten wahrscheinlich den Rest des Jahres im Mittelmeer, wo ausgewachsene und halb ausgewachsene Tiere auch gern überwintern.[128] Die Thunfische, die im Westen laichen, finden ihre Nahrung dagegen entlang der europäischen Küsten und gelangen im September bis nach Island, um dann im Oktober-November wieder auf 50° nördlicher Breite hinabzuschwimmen.[129] Im Mittelmeer halten sich also zwei verschiedene Reproduktionseinheiten auf,[130] die sich unterschiedlich zu verhalten scheinen.

Der Golf von Mexiko und das Mittelmeer sind wohl die größten Laichgebiete dieser Spezies, auch wenn einige Forscher[131] andere entlang der Küsten Nordamerikas ausgemacht zu haben glauben: in der sogenannten Slope Sea zwischen dem Golfstrom, Neuschottland und Delaware. Dort sollen kleinere Individuen laichen, die

---

127 Medina *et al.*, *Stereological assessment of the reproductive status of female Atlantic northern bluefin tuna during migration to Mediterranean spawning grounds through the Strait of Gibraltar*, in „Journal of Fish Biology", 2002, 60, S. 203–217.

128 Pablo Cermeno *et al.*, *Electronic Tagging of Atlantic Bluefin Tuna (Thunnus thynnus, L.) Reveals Habitat Use and Behaviors in the Mediterranean Sea*, in „Plos One", 2015, https://doi.org/10.1371/journal.pone.0116638.

129 Guillermo Aranda *et al.*, *Spawning Behaviour and Post-Spawning Migration Patterns of Atlantic Bluefin Tuna (Thunnus thynnus) Ascertained from Satellite Archival Tags*, in „Plos One", 2013, https://doi.org/10.1371/journal.pone.0076445.

130 Giulia Riccioni *et al.*, *Spatio-temporal population structuring and genetic diversity retention in depleted Atlantic Bluefin tuna of the Mediterranean Sea*, in „Proceed ings of the national Acedemy of Sciences", 2010, 107, S. 2102–2107; Andre M. Boustany *et al.*, *Mitochondrial DNA and electronic tracking reveal population structure of Atlantic bluefin tuna (Thunnus thynnus)*, in „Marine Biology", 2008, 156, S. 13–24.

131 Davide E. Richardson *et al.*, *Discovery of a spawning ground reveals diverse migration strategies in Atlantic bluefin tuna (Thunnus thynnus)*, in „Proceedings of the National Academy of Sciences", 2016, https://doi.org/10.1073/pnas.1525636113.

jenen im Mittelmeer ähneln, während die größeren, ausgewachsenen Individuen den Golf von Mexiko wählen. Den Altersunterschied beim Erreichen der Geschlechtsreife würde es demnach gar nicht geben, mit dem Alter würde sich einfach nur die Wahl des Laichplatzes ändern. Aufgrund der Übernutzung der Fischbestände seit den 1980er-Jahren ist die westatlantische Population so weit zurückgegangen, dass sie nur noch ein Zehntel der östlichen beträgt.

Auch die ICCAT, die 1996 gegründete Internationale Kommission zur Erhaltung der Thunfischbestände im Atlantik (International Commission for the Conservation of Atlantic Tunas), berücksichtigt zwei atlantische Populationen, die westliche und die östliche, die durch den 45. Meridian westlicher Länge getrennt sind. Davon ausgehend legt sie die jährlichen Fangquoten für Thunfisch fest. Diese Grenze wird in Wirklichkeit jedoch häufig überschritten, sowohl im Osten wie im Westen. Wie alle wandernden Tierarten, kennen auch die Thunfische die Grenzen der Menschen nicht.

Der Rote Thun durchquert den Atlantischen Ozean in nur 40 Tagen und sucht zum Fressen die Küsten auf, die jenen gegenüberliegen, an denen er geboren wurde. Einige schwimmen sogar von Mexiko bis nach Marokko[132], andererseits scheinen sogar 60 Prozent der ausgewachsenen Individuen, die sich in amerikanischen Gewässern aufhalten, im Mittelmeer zur Welt gekommen zu sein. Man weiß noch nicht genau, warum sie diese Reisen unternehmen, und auch nicht, wie sie die Routen wählen, denen sie folgen. Doch wo auch immer sie den Winter verbringen, zum Laichen kehren sie jedenfalls stets an den Ort zurück, an dem sie geboren wurden: 95,8 Prozent der im Mittelmeer und 99,3 der im Golf von Mexiko Geborenen[133] finden zum Laichen wieder dorthin zurück.

---

132 Jay R. Rooker *et al.*, *Crossing the line: migratory and homing behaviors of Atlantic bluefin tuna*, in „Marine Ecology Progress Series", 2014, 504, S. 265–276; Jay R. Rooker *et al.*, *Evidence of trans-Atlantic mixing and natal homing of bluefin tuna from stable isotopes in otoliths*, in „Marine Ecology Progress Series", 2008, 368, S. 231–239.

133 Jay R. Rooker *et al.*, *Natal Homing and Connectivity in Atlantic Bluefin Tuna Populations*, in „Science", 2008, 322, S. 742–744.

Diesen ganzen Seeverkehr hat man bereits Anfang der 2000er-Jahre über Satellitentelemetrie entdeckt,[134] aber auch durch Untersuchungen der Konzentration des Sauerstoffisotops ^{18}O in den Otolithen, das sind winzige Körnchen aus Kalziumkarbonat, „Steinchen" im Innenohr der Fische, die uns Alter und Herkunft des Individuums verraten können, ähnlich wie die Wachstumsringe eines Baumstamms.

Die Untersuchung all dieser Reisen des Roten Thun wird durch die Überfischung überschattet. Sie könnte die Schätzungen der amerikanischen Population verfälschen: Einige der gezählten Exemplare könnten aus dem Mittelmeer stammen, andere, in europäischen Gewässern gefangene Thunfische dagegen aus dem Golf von Mexiko. Das Problem wird dadurch verschärft, dass diese Art insbesondere auf dem japanischen Markt sehr gefragt ist, was ihren Wert in die Höhe treibt. Man schätzt, dass 80 Prozent des gefangenen Roten Thun in Japan konsumiert werden; ein einziges Exemplar kann dort mittlerweile über 2,5 Millionen Euro einbringen.[135] So hat die ICCAT, obwohl sie die Aufgabe hat, die Nachhaltigkeit des Thunfischfangs zu gewährleisten, gegen den Rat der Wissenschaftler häufig zu hohe Fangquoten festgelegt und sich damit nach Ansicht von Umweltverbänden ein neues Akronym verdient: ICCAT – International Conspiracy to Catch All Tuna. Heute hat sich die Fangquotenregelung verbessert, das Grundproblem aber bleibt: die Wanderungen der Thunfische in ihren Abläufen vollständig zu erfassen, um zu verstehen, ob ihr Fang wirklich nachhaltig ist.

Auch die Nordpazifischen Blauflossen-Thunfische *(Thunnus orientalis)* sind ausdauernde Wanderer: Von den Laichgebieten im Nordwesten der Philippinen und im Japanischen Meer begeben sie sich im Alter von einem Jahr auf eine 8.000 Kilometer lange Reise, durchschwimmen die eisigen Gewässer des Nordpazifik und

---

134 Barbara A. Block *et al.*, *Electronic tagging and population structure of Atlantic bluefin tuna*, in „Nature", 2005, 434, S. 1121–1127.

135 https://www.nytimes.com/2019/01/05/world/asia/record-tuna-price-japan.html

gelangen bis vor die Küste Kaliforniens. Dafür brauchen sie ungefähr drei bis fünf Monate, wobei sie 130–200 Kilometer am Tag zurücklegen. Nach der Ankunft in Kalifornien bleiben sie ungefähr fünf bis sieben Jahre dort und bewegen sich auf der Nahrungssuche der Küste entlang von Mexiko bis zum Bundesstaat Washington, bevor sie zum Laichen zurück auf die andere Seite des Pazifik schwimmen.[136]

Alle Wanderungen durch die Meere abzuhandeln wäre unmöglich, zumal wir von vielen Meerestieren noch sehr wenig über ihre Ökologie, die Gründe für ihre Ortswechsel und die dafür gewählten Routen wissen. Erst 2016 hat man zum Beispiel entdeckt, dass die Riesenmantas *(Manta birostris)*, die seit jeher als ausgesprochene Wandertiere klassifiziert wurden, in Wirklichkeit eine sesshafte Art sind.[137] Diese sanften Tiere, die sieben Meter breit und bis zu zwei Tonnen schwer werden können, fangen ihre Nahrung ebenso wie der Bartenwal durch Filtrieren; sie fressen vorwiegend Krill, aber auch von den Strömungen mitgeführte Eier verschiedener Fischarten und bei Gelegenheit den einen oder anderen kleineren Fisch. Und gerade aufgrund ihrer Ernährungsweise glaubten die Wissenschaftler lange, die Mantas würden Tausende von Kilometern im Ozean zurücklegen wie viele andere pelagische Filtrierer, zum Beispiel Bartenwale und Walhaie. Als man dann aber mit Satellitenmarkierungen die Wanderungen einer Gruppe von etwa 20 Mantas an vier Stellen des Pazifischen Ozeans zwischen Mexiko und Indonesien verfolgte, bemerkte der Biologe Joshua D. Stewart, dass sich die Mantas in 95 Prozent der Fälle in einem umgrenzten Bereich von höchstens 220 Kilometern Seitenlänge aufhielten, den sie nie verließen. Und die Mantas, die im mexikanischen Archipel der Revillagigedo-Inseln im Pazifik leben, wagen sich

---

136 Ko Fujioka *et al.*, *Spatial and temporal variability in the trans-Pacific migration of Pacific bluefin tuna (Thunnus orientalis) revealed by archival tags*, in „Progress in Oceanography", 2018, 162, S. 52–65.

137 Joshua D. Stewart *et al.*, *Spatial ecology and conservation of Manta birostris in the Indo-Pacific*, in „Biological conservation", 2016, 200, S. 178–183.

nicht weit hinaus. Sie kommen nie an die mexikanische Küste, die 600 Kilometer entfernt liegt – was für diese Tiere eigentlich eine Kleinigkeit wäre. Mehr noch, beim Analysieren von Muskelgewebeproben entdeckte Stewart, dass die Mantas des Pazifik sich nicht nur nicht begegnen, sondern dass jede Population ihre eigenen genetischen Besonderheiten und Fressgewohnheiten hat.

Wanderungen von Arten, die mit den Mantas verwandt sind, wie die Mobularochen, auch als Teufelsrochen bekannt, bleiben dagegen noch in den blauen Tiefen des Meeres verborgen. Im Golf von Kalifornien kann man zwischen Mai und Juli sowie zwischen November und Januar einem einmaligen Schauspiel beiwohnen: Tausende Teufelsrochen *(Mobula munkiana)* versammeln sich in riesigen Schwärmen, wobei Männchen und Weibchen gleichzeitig aus dem Wasser springen: eine Verhaltensweise, die man *leaping* nennt. Sie schlagen mit ihren „Flügeln", als ob sie Vögel wären, und steigen elegant in die Höhe, um im nächsten Augenblick mit schallenden Bauchklatschern ins Wasser zurückzufallen. Und schon ist es aus mit ihrer ganzen Eleganz. Man weiß nicht, warum sie sich so verhalten, ob sie sich mit diesen Sprüngen umwerben, miteinander kommunizieren, Parasiten loswerden wollen oder ob sie einfach nur spielen. Wir wissen nur, dass die Gruppenbildungen meist nur wenige Tage dauern, worauf die Tiere monatelang aus diesem Meeresabschnitt verschwinden. Vielleicht versammeln sich hier auch Exemplare aus allen Teilen des Areals dieser Spezies, das bis zur Nordküste Perus reicht, doch das sind nur Spekulationen. Wahrscheinlich hängen die Wanderungen mit den unterschiedlichen Wassertemperaturen und somit vielleicht mit dem Reichtum und der Verteilung der von ihnen bevorzugten Nahrung zusammen:[138] Weichtiere und kleine Garnelen der Gattung *Mysidium*. Wir kennen weder den genauen zeitlichen Ablauf oder die exakten Routen, noch wissen wir, ob es sich tatsächlich um längere Wan-

---

138 Giuseppe Notarbatolo di Sciara, *Natural history of the rays of the genus Mobula in the Gulf of California*, in „Fishery Bulletin", 1988, 86, S. 45–66.

derungen handelt. Das meiste, was wir heute über die Teufelsrochen wissen – auch wenn es wenig erscheinen mag –, verdanken wir dem italienischen Walforscher Giuseppe Notarbartolo di
Sciara.[139] Er hat die Art 1987 im Zuge seines Promotionsstudiums
als Erster beschrieben und nach dem Meereskundler Walter Munk
benannt.

Ein weiteres Rätsel um die Routen der Knorpelfische ist noch
ungelöst, nämlich die Wanderung des Walhais *(Rhincodon typus)*.
Diese wunderbaren Tiere, die im Schnitt an die zehn Meter lang
und ebenso viele Tonnen schwer werden, mit einer 10 bis 15 Zentimeter dicken, weiß gefleckten Haut, sind außergewöhnliche
Wanderer. Sie verbringen ihr Leben im offenen Meer, in tropischen
Gewässern, nähern sich aber oft in großen Ansammlungen der
Küste. Zwischen Mai und September kann man entlang der Küsten von Quintana Roo auf Yucatán in Mexiko[140], zwischen Cabo
Catoche, Isla Contoy und Isla Mujeres bis zu 800 Exemplare zählen. Nach dieser Zeit aber zerstreuen sie sich. Zu Hunderten versammeln sie sich auch zwischen den kleineren Inseln der Philippinen und Indonesiens im Pazifik oder vor den Küsten Südafrikas.
Diese Zusammenkünfte haben – wie vorhersehbar – das Interesse
des Massentourismus geweckt; viele Probleme resultieren daraus,
dass einzelne Tiere von Booten, Tauchern und schnorchelnden
Touristen auf der Suche nach dem perfekten Selfie an der Seite dieser Giganten eingekreist werden.

Walhaie verabreden sich nicht zufällig. Sie entscheiden auch
nicht zufällig, wo sie sich treffen, sondern nutzen Küstenabschnitte,
wo die Topografie des Meeresbodens das sogenannte *upwelling* begünstigt, also Gebiete, in denen kaltes, nährstoffreiches Tiefenwasser

---

139 Giuseppe Notarbartolo di Sciara, *A revisionary study of the genus Mobula Rafinesque,
1810 (Chondrichthyes, Mobulidae)*, in „Zoological Journal of the Linnean Society",
1987, 91, S. 1–91.
140 Rafael de la Parra Venegas *et al.*, *An Unprecedented Aggregation of Whale Sharks, Rhincodon typus, in Mexican Coastal Waters of the Caribbean Sea*, in „Plos One", 2011, 6,
DOI: 10.1371/journal.pone.0018994.

aufsteigt.[141] Diese Punkte wären somit richtiggehende ozeanische „McDrives", an denen die Filterhaie reichlich Plankton, aber auch Eier von Fischen und Krebstieren finden. Die Schlange an den ozeanischen „McDrives" scheint allerdings hauptsächlich aus männlichen Individuen zu bestehen: Vor Quintana Roo, aber nicht nur dort, sind 70 Prozent der Walhaie Männchen. Wo aber bleiben die Weibchen? Es sind die größten Fische, die im Ozean schwimmen, doch sie vermögen sich offenbar in Nichts aufzulösen und verschwinden, vom Blau verschluckt, wie es vielleicht nur Houdini hätte inszenieren können.

Ihnen zu folgen, auch mithilfe der Satellitentechnik, ist sehr schwierig, denn diese Tiere können 1.900 Meter tief tauchen,[142] und da verliert sich das Signal. Außerdem lösen sich die Vorrichtungen, die auf ihrem Rücken oder an der Rückenflosse angebracht werden, um ihre Verhaltensweisen zu beobachten, nach einigen Monaten. Erst vor Kurzem ist es gelungen, sich ein besseres Bild von ihren Wanderungen zu machen. 2018 verfolgte man die Migration eines bei Coiba Island in Panama markierten Weibchens, das in 842 Tagen über 20.000 Kilometer zurücklegte und den Marianengraben im Indisch-Pazifischen Ozean erreichte, wo sich der Sender löste. Vielleicht war es auf dem Weg zu den Philippinen oder einem anderen Archipel.[143] Ein anderes Weibchen, das im August 2007 im mexikanischen Quintana Roo markiert und „Rio Lady" getauft wurde, startete von Yucatán in Richtung Südosten und schwamm in 150 Tagen über 7.000 Kilometer weit, wobei es täglich ungefähr 52 Kilometer zurücklegte. Sein Satellitensender löste sich aber im Januar, kurz nachdem Rio Lady den

---

141 Joshua P. Copping *et al.*, *Does bathymetry drive coastal whale shark (Rhincodon typus) aggregations?*, in „Peer J", 2018, 8, DOI: 10.7717/peerj.4904.

142 Simon Weigmann, *Annotated checklist of the living sharks, batoids and chimaeras (Chondrichthyes) of the world, with a focus on biogeographical diversity*, in „Journal of fish biology", 2016, 88, S. 837–1037.

143 Hector M. Guzman *et al.*, *Longest recorded trans-Pacific migration of a whale shark (Rhincodon typus)*, in „Marine Biodiversity Record", 2018, 11, https://doi.org/10.1186/s41200-018-0143-4.

Äquator überquert hatte, rund 1.000 Kilometer vor der Küste Brasiliens in der Nähe der unbewohnten Sankt-Peter-und-Sankt-Paul-Felsen. Auch in diesem Fall schien das Exemplar kleinere Inseln und Archipele anzuschwimmen, doch damit nicht genug: Wahrscheinlich deutete die im August von den Forschern bei Rio Lady beobachtete Schwellung der Region um die Beckenflosse auf eine mögliche Trächtigkeit hin.[144] Sollte das stimmen, wäre es ein Beweis für die bisher plausibelste Theorie, dass nämlich die trächtigen Weibchen Wanderungen mitten im Ozean unternehmen, um einsame Inseln oder Unterwassererhebungen aufzusuchen, wo sie ungestört gebären können. Ein Weibchen kann im Uterus über 300 befruchtete Eier und Junge in verschiedenen Entwicklungsstadien mit sich führen; das lässt vermuten, dass es das Sperma der Männchen konservieren (und vielleicht selektieren) kann.[145] Leider verzeichnet die wissenschaftliche Literatur nur zwölf Begegnungen mit den Jungen; die letzte davon mit einem kleinen Walhai von gerade mal 46 Zentimetern Länge erfolgte im März 2009 in den Philippinen.[146] Ein Rätsel bleibt also noch ungelöst: Wir wissen nicht, wo die Kinderstube der Walhaie liegt.

2018 gelang es dagegen, die Migration einer Adlerrochenart nachzuweisen, nämlich die des Kuhnasenrochens *(Rhinoptera bonasus)*, einer amerikanischen Art, die die Gewässer des Westatlantik von Neuengland bis Brasilien bevölkert. Er ist ungefähr 70–80 Zentimeter lang, wiegt 12–16 Kilo, hat keine scharfen Zähne, sondern einen mit Dentalplatten besetzten Kauapparat, der wie eine Rollenpresse funktioniert, und wurde zu Unrecht beschuldigt,

144 Robert E. Hueter *et al.*, *Horizontal Movements, Migration Patterns, and Population Structure of Whale Sharks in the Gulf of Mexico and Northwestern Caribbean Sea*, in „Plos One", 2013, 8, https://doi.org/10.1371/journal.pone.0071883.

145 Shoou-Jeng Joung *et al.*, *The whale shark, Rhincodon typus, is a livebearer: 300 embryos found in one 'megamamma' supreme*, in „Environmental Biology of Fishes", 1996, 46, S. 219–223.

146 Elson Q. Aca und Jennifer V. Schmidt, *Revised size limit for viability in the wild: Neonatal and young of the year whale sharks identified in the Philippines*, in „Asia Life Sciences", 2011, 20, S. 361–367.

für den Rückgang einiger Mollusken wie Venusmuscheln und Austern verantwortlich zu sein, die er zerquetscht wie weiche Bonbons. So viel zu seinen Fressleistungen. Tatsächlich waren die Austern jedoch bereits in den 2000er-Jahren im Rückgang begriffen, somit wäre vielmehr der Kuhnasenrochen vom Aussterben bedroht, zumal er erst mit sieben bis acht Jahren geschlechtsreif wird. Diese Art laicht jedes Jahr in der Chesapeake Bay, einer Bucht, die sich zwischen Maryland und Virginia zum Atlantik hin erstreckt. Zu Beginn des Herbstes verschwindet der Kuhnasenrochen aber, genauso wie der Teufelsrochen. Bis 2018 war es noch niemandem gelungen, den Winteraufenthalt dieser Adlerrochen zu bestimmen. Nach einer dreijährigen Untersuchung konnten Wissenschaftler des Smithsonian Environmental Research Center das Geheimnis lüften. Sie platzierten dazu Hunderte von Unterwassersignalempfängern entlang der gesamten East Coast, markierten mehrere Individuen und warteten einfach ab. Als die Geräte die ersten „Pings" registrierten – das Signal, dass ein Kuhnasenrochen dort vorbeigekommen war –, war klar, wohin sie unterwegs waren: Die Kuhnasenrochen von Chesapeake verbringen den Winter in der Nähe von Cape Canaveral in Florida[147] und unternehmen zweimal im Jahr eine Reise von 1.200–1.400 Kilometern pro Strecke entlang der Küste der Vereinigten Staaten.

---

147 Matthew B. Ogburn *et al.*, *Migratory connectivity and philopatry of cownose rays Rhinoptera bonasus along the Atlantic coast, USA*, in „Marine Ecology Progress Series", 2018, 602, S. 197–211.

Kapitel 8
Der Geruch von Zuhause

Im Meer sind sie sehr beweglich. Sie schwimmen mit einer gewissen Eleganz und fangen kleine silbrig-blaue Fische. Diese halten sie, schön hintereinander aufgereiht, in ihrem regenbogenfarbenen, mit geriffelten Rändern versehenen Schnabel fest. Wenn sie rund ein Dutzend erbeutet haben, verlassen sie das Wasser, um sie an Land zu bringen, zu den wartenden Jungen. Mit ihren kurzen Schwimmfüßen und dem pinguinartigen Gang scheinen die Papageitaucher *(Fratercula arctica)* keine großen Athleten zu sein, und doch sind sie sehr geschickte Fischer. Sie jagen vor allem Lodden *(Mallotus villosus)*, einen anadromen Fisch, der die Bezeichnung *villosus* (zottig) dem Aussehen der Schuppen des Männchens in der Laichzeit verdankt: Sie sind so stark ausgefranst, dass sie weich und haarig erscheinen.

Diese Fische gehören zur anderen großen Kategorie der Wanderfische: jener, die zwischen Salz- und Süßwasser wandern (anadrom) oder umgekehrt (katadrom). Die Lodde ist ein anadromer Wanderfisch, der sein ganzes Leben im offenen Meer verbringt, in den Gewässern des kanadischen Polarkreises und in Nordeuropa. Zum Laichen kehren die Lodden aber in seichte Süß- oder Salzgewässer der Küstengebiete zurück. Ihre Wanderung rund um Island[148] ist wissenschaftlich sehr gut untersucht.

Ausgewachsene Tiere – Fische im Alter von drei bis vier Jahren – ernähren sich im Meeresabschnitt zwischen Grönland und

---

148 Hjálmar Vilhjálmsson, *Capelin (Mallotus villosus) in the Iceland-East Greenland-Jan Mayen ecosystem*, in „Journal of Marine Science", 2002, 59, S. 870–883.

der Insel Jan Mayen im Norden Islands von Plankton. Zwischen Dezember und Januar beginnen sie mit ihrer Laichwanderung: Sie ziehen an Grönland vorbei südwärts, drehen dann nach Osten ab, schwimmen den Norden Islands entlang, umrunden die Insel im Uhrzeigersinn und erreichen im März ihre Südküste. In den drei oder vier Monaten der Wanderung machen Männchen und Weibchen eine außergewöhnliche Wandlung durch: Beide verlieren 76 Prozent ihrer Fettmasse, bei den Weibchen nimmt aber auch das Gewicht der Muskeln um 32 Prozent ab, während das der Eierstöcke um bis zu 830 Prozent in die Höhe schnellt.[149]

Die Männchen erreichen das Ziel etwas früher als die Weibchen und sammeln sich vor den zahlreichen Lagunen Islands in den seichten Gewässern mit einer Tiefe von höchstens zehn Metern zu großen Schwärmen. Dann schwimmen sie bis nahe an die Stände oder gelangen mithilfe der Wellen in die Lagunen. Es sind hektische Augenblicke: Die Weibchen müssen 6.000 bis 12.000 Eier ablegen, nach und nach in mehreren Versuchen, die Männchen müssen sie finden, und beide fegen in einer Art gewundenem, hüpfendem Tanz über den Kies. Sie vergewissern sich, dass die Eier befruchtet wurden, bevor sie mit der nächsten Welle ins Meer zurückkehren. Einige Lodden laichen aber auch in tieferen Gewässern und lassen die Eier 100–150 Meter auf den Grund der Kontinentalplatte sinken: ein bei anderen anadromen Arten undenkbarer Vorgang. Und zwar deshalb, weil die Eibefruchtung äußerlich erfolgt und die Beweglichkeit der Spermien in Salzwasser bei anadromen Fischen nur in Süßwasser maximal ist. Um genau zu sein, bewegen sich die Spermien erst, wenn sie mit Wasser in Berührung kommen. Doch anscheinend stellt die Lodde ein Unikum dar: Ihr Sperma ist bereits beweglich, wenn es ausgeschieden wird,[150] mehr

---

149 R. J. Henderson *et al.*, *Changes in the content and fatty acid composition of lipid in an isolated population of the capelin Mallotus villosus during sexual maturation and spawning,* in „Marine Biology", 1984, 78, S. 225–263.

150 Jos. Beirão *et al.*, *A novel sperm adaptation to evolutionary constraints on reproduction: Pre-ejaculatory sperm activation in the beach spawning capelin (Osmeridae),* in „Ecology and Evolution", 2018, 8, S. 2343–2349.

oder weniger so wie beim Menschen. Dieses Merkmal scheint eine spätere Anpassung zu sein (auch weil die Beweglichkeit der Spermien bei der Lodde in Süßwasser auf jeden Fall größer ist), ebenso wie die Toleranz der Embryonen gegenüber dem Salzgehalt des Wassers: Sie vertragen Konzentrationen zwischen zwei und 28 PSU (Practical Salinity Units), das heißt, von Süßwasser bis zu Wasser mit geringer Salinität. Die durchschnittliche Salinität des Meeres beträgt jedoch 35 PSU, das heißt, in jedem Liter Meerwasser sind etwa 35 Gramm verschiedene Salze gelöst. Und je höher die Salinität ist, desto später schlüpfen die Loddenlarven und desto kleiner sind sie. Die wahrscheinlichste Hypothese ist, dass sich die Toleranz gegenüber der Salinität und die Eiablage im Meer parallel zur Anadromie entwickelt haben.[151] Ein weiterer merkwürdiger Aspekt dieses Laichens im Salzwasser ist, dass Lodden manchmal auch ihre eigenen Eier fressen. Diese Form von Kannibalismus wurde vor der Küste Neufundlands untersucht[152] und könnte eine wichtige Futterstrategie für jene Lodden sein, die im offenen Meer bleiben; vielleicht verlängert sich dadurch die Fortpflanzungsperiode der Männchen oder erhöht sich die Überlebenswahrscheinlichkeit der Weibchen nach dem Ablaichen. Man schätzt, dass etwa 44 Prozent der Weibchen und 55 der Männchen Kannibalen sind, was sich aber kaum auf die Millionen abgelegten Eier auswirkt, die, wie alle Eier der Stinte, absinken und sich auf dem Kiessubstrat festsetzen, wo sie bis zum Ausschlüpfen nach Ablauf von drei Wochen bleiben.

Diese ganze Anstrengung überleben nur zehn Prozent der Männchen und 30 Prozent der Weibchen: Viele sterben, indem sie an Land gespült oder abgefischt werden. Nach dem Schlüpfen setzen die kleinen Larven die Reise im Uhrzeigersinn um Island

151 Craig F. Purchase, *Low tolerance of salt water in a marine fish: new and historical evidence for surprising local adaption in the well-studied commercially exploited capelin,* in „Canadian Jurnal of Fischeries and Acquatic Sciences", 2018, 75, S. 673–681.

152 Bryden Bone und Galil K. Davoren, *Egg cannibalism in capelin Mallotus villosus at beach and deep-water spawning habitats in the north-west Atlantic Ocean,* in „Journal of Fish Biology", 2018, 93, S. 641–648.

herum fort. Sie ziehen nach Westen und dann nach Norden weiter. Die ersten zwei bis drei Lebensjahre verbringen die isländischen Lodden in der Nähe der Kontinentalplatte im Norden Islands und in einem Gebiet zwischen Ostgrönland und der isländischen Halbinsel Vestfirði. Später unternehmen sie ihre erste Wanderung und ziehen noch weiter nach Norden in das isländische Meer und das Europäische Nordmeer, bis hinauf zur Insel Jan Mayen. Anschließend, gegen September/Oktober, ziehen sie zurück in den Süden und sind im November bereit, zum ersten Mal selbst abzulaichen.

Letzten Endes hängen diese ganzen Ortswechsel mit den Meeresströmungen der isländischen Gewässer zusammen: Die Laichwanderung, die im Dezember einsetzt, nimmt den gleichen Verlauf wie die kalte, wenig salzhaltige Strömung Ostgrönlands, die aus dem Norden kommt und den Lodden hilft, nach Süden zu ziehen und in die ebenfalls kalte und wenig salzhaltige Strömung Ostislands einzuschwenken. So schaffen sie es, die Insel zu umkurven und dann mit dem Irmingerstrom – einer Verlängerung des Golfstroms – wieder nach Norden zu ziehen. Die Wanderungen der Lodden scheinen angeboren zu sein: Ohne Führer kehren sie genau in jene Gebiete zurück, wo sie geboren wurden. Ihre Routen, die den Strömungen folgen, könnten auch ein Schachzug sein, um der Dezimierung durch Kabeljaue zu entgehen.[153]

Genau auf der anderen Seite der arktischen Polkappe, an der Pazifikküste Alaskas, spielt sich im Herbst eine der beeindruckendsten Fischwanderungen weltweit ab: die Rückkehr der Rotlachse *(Oncorhynchus nerka)* in ihre Laichgebiete. Zu Hunderten schwimmen sie die Wasserläufe hinauf, färben die Flüsse rot, überwinden Stromschnellen und sogar kleine Wasserfälle. Diese Unmenge von großen, gut genährten Fischen, die aufgrund ihrer roten Hautfärbung gut sichtbar sind, lockt eine Menge Räuber an. Vor allem Grizzly- *(Ursus arctos horribilis)* und Kodiakbären *(Ursus*

---

153 Anna H. Olafsdottir und George A. Rose, *Influences of temperature, bathymetry and fronts on spawning migration routes of Icelandic capelin (Mallotus villosus)*, in „Fisheries oceanography", 2012, 21, S. 182–198.

arctos middendorffi) schätzen die fettreiche Kost und warten oberhalb kleiner Stromschnellen auf die Ankunft der Wanderfische. Dort schnappen sie die springenden Lachse ohne große Mühe mit dem Maul aus der Luft.

Die Rotlachse können bis zu 80 Zentimeter lang und sieben Kilo schwer werden und leben als erwachsene Tiere im offenen Meer. Mit der Geschlechtsreife machen sie zwischen Ende des Sommers und Beginn des Herbstes einen verblüffenden morphologischen Wandel durch. Im Meer sind sie auf dem Rücken dunkelblau und auf dem Bauch und an den Seiten silbern gefärbt, während der Rückwanderung aber färben sich ihre Schuppen auf dem Rücken und an den Seiten flammend rot, während der Kopf grün wird. Die Männchen verändern sich am auffälligsten: Ihr Körper wird bucklig und die Kiefer nehmen eine charakteristische Bogenform an. Sie sind unermüdliche Wanderer, die bis zu 1.600 Kilometer in den Flüssen zurücklegen können und dabei bis zu 2.000 Meter Höhenunterschied bewältigen, wie etwa die Rotlachse, die zum Laichen an den Redfish Lake in Idaho kommen. Während dieser ungeheuren Anstrengung nehmen die Lachse keine Nahrung mehr auf und verdauen bisweilen sogar ihre eigenen Eingeweide, um die letzten Energiereserven herauszuholen. Am Ziel angelangt, wählen die Weibchen einen Platz aus und legen in einem Kiesbett eine Art Nest an. Dort laichen sie in einem Zeitraum von einigen Tagen mehrmals ab. Die Männchen befruchten die Eier, wobei sie wahrscheinlich das Weibchen mit dem Rotton auswählen, der ihnen am besten gefällt.[154] Danach sterben sowohl die Männchen als auch viele Weibchen, die zur Bewachung an den Ablaichstellen bleiben, vor Erschöpfung. Doch nicht alle: Etwa 40 Prozent der Weibchen überleben, unternehmen aber keine neue Laichwanderung. Eine derartige Strapaze ist mehr als genug: Sie sind eine sogenannte semelpare Art, die sich nur einmal im Leben

---

154 Chris J. Foote *et al.*, *Female colour and male choice in sockeye salmon: implications for the phenotypic convergence of anadromous and nonanadromous morphs*, in „Animal Behaviour", 2004, 67, S. 69–83.

fortpflanzt. Die im Frühling aus den Eiern schlüpfenden Junglachse ernähren sich vom Dottersack des Eis und wachsen zunächst zu sechs bis sieben Zentimeter langen Fischchen und dann zu sogenannten *Parrs*, 10–15 Zentimeter langen Junglachsen heran. Nun beginnen sie, sich von Insekten, Krebstieren und anderen kleinen Fischen zu ernähren. So verbringen sie ein oder zwei Jahre in dem Gebiet, wo sie geboren wurden, um dann flussabwärts ins Meer zu ziehen und nach drei bis vier Jahren zum Laichen wieder genau an ihren Geburtsort zurückzukehren.

Mehr oder weniger den gleichen Lebenszyklus haben auch die Atlantischen Lachse *(Salmo salar)*, die in den Flüssen Nordeuropas sowie in Kanada und Grönland auf der anderen Seite des Ozeans laichen, ohne jedoch wie die amerikanischen Vettern rot zu werden.

Die anadrome Wanderung der Lachse scheint nicht durch Umweltreize, sondern vielmehr durch soziale Reize gesteuert zu sein, die sie veranlassen, alle gemeinsam flussaufwärts zu ziehen.[155] Doch wie finden sie, nachdem sie sich jahrelang im Meer aufgehalten haben, in den Fluss zurück, in dem sie zur Welt kamen? An die Flussmündung gelangen sie, indem sie mithilfe der Magnetorientierung die Koordinaten erkennen, die sie sich auf der Reise Richtung Meer eingeprägt haben.[156] Nachdem sie dann in den Süßwasserlauf eingebogen sind, finden sie dank ihres außergewöhnlichen Geruchssinns die genaue Stelle ihrer Geburt wieder.[157] Den Geruch des Flussabschnittes prägen sie sich ein, wenn sie noch *Parrs* sind: Es kommt also zu einer Geruchsprägung. Und bei der Laichwanderung erkennen sie den Geruch von Zuhause wieder. Das gelingt

---

155 Andrew Berdahl *et al.*, *Social interactions shape the timing of spawning migrations in an anadromous fish*, in „Animal Behaviour", 2017, 126, S. 221–229.

156 Nathan F. Putman *et al.*, *Evidence for Geomagnetic Imprinting as a Homing Mechanism in Pacific Salmon*, in „Current Biology", 2013, 23, S. 312–316.

157 Nolan N. Bett und Scott G. Hinch, *Olfactory navigation during spawning migrations: a review and introduction of the Hierarchical Navigation Hypothesis*, in „Biological Reviews", 2015, 91, S. 728–759; Nolan N. Bett *et al.*, *Evidence of Olfactory Imprinting at an Early Life Stage in Pink Salmon (Oncorhynchus gorbuscha)*, in „Scientific Reports", 2016, 6, https://doi.org/10.1038/srep36393.

ihnen insbesondere dank eines Dutzends Genen, von denen sechs genau dann wirksam werden, wenn die Lachse flussaufwärts unterwegs sind.[158] Auf diese Weise entwickeln sie – nur für jene kurze Zeit – einen Geruchssinn, der fast einer Superkraft gleichkommt. Sobald sie genau den Punkt erreichen, wo sie aus dem Ei schlüpften, „erlöschen" diese Gene: Der Super-Geruchssinn wird abgeschaltet. Auch wenn der Geruch der „Heimat" wohl meist als „Duft" empfunden wird, können wir uns vorstellen, dass es störend oder zumindest unangenehm wäre, für den Rest des Lebens über eine superfeine Nase zu verfügen.

Dann gibt es noch Fische, die als erwachsene Tiere im Süßwasser leben und zum Laichen ins offene Meer ziehen. Es sind die katadromen Fische, und das bekannteste Beispiel ist der Aal, wobei es einen Europäischen Aal *(Anguilla anguilla)* und einen Amerikanischen Aal *(Anguilla rostrata)* gibt. Die Fortpflanzung dieser Fische blieb lange ein Geheimnis. Ohne Aristoteles zu bemühen, der glaubte, sie würden aus dem Schlamm geboren, braucht man nur daran zu denken, dass der deutsche Naturforscher Johann Jakob Kaup ihre Larven noch im 19. Jahrhundert für eine eigenständige Art hielt: den *Leptocephalus brevirostris*. Nur fünf bis zehn Zentimeter lang, mit einem flachen, länglichen Körper, dessen Form an ein Weidenblatt erinnert, und völlig durchsichtig, gleichen die Leptocephali in keiner Weise einem ausgewachsenen Aal. Und doch erkannten Ende 1899 zwei italienische Naturforscher, Salvatore Calandruccio und Giovanni Battista Grassi, dass die durchsichtigen kleinen Fische, die sie züchteten, nichts anderes waren als das erste Stadium des so schwer zu fassenden Aals. Grassi ist auch wegen seiner Untersuchungen über die *Anopheles*-Mücke bekannt; er hatte erkannt, dass die Mücke die Überträgerin der von einzelligen Parasiten der Gattung Plasmodium verursachten Malaria war, und führte auch die erste experimentelle Übertragung der Krankheit

---

158 Nolan N. Bett *et al.*, *Olfactory gene expression in migrating adult sockeye salmon Oncorhynchus nerka*, in „Journal of Fish Biology", 2018, 92, S. 2029–2038.

durch. Den Nobelpreis für die herausragende Entdeckung erhielt allerdings der Brite Ronald Ross, doch das ist eine andere Geschichte.

Grassi und Calandruccio konnten beobachten, dass die Leptocephali beim Heranwachsen ihre Durchsichtigkeit verloren. Der Körper veränderte sich und wurde immer schmäler, bis sie sich in Glasaale – Jungaale – verwandelten und schließlich das Erwachsenenstadium erreichten. Der Name wurde daher als Bezeichnung für das Larvenstadium verwendet, doch von der Wanderung dieser Spezies hatte man noch keine Ahnung. Es war der dänische Biologe Johannes Schmidt, der 1904 die erste Hypothese über die Reise der Aale formulierte, die sich dann als richtig herausstellte. Ab 1904 führte Schmidt über viele Jahre eine Reihe von Untersuchungen im Atlantik durch und fand schließlich heraus, wo die Aale laichen. Je mehr er sich dem Zentrum des Atlantischen Ozeans näherte, desto zahlreicher und immer kleiner wurden die Leptocephali. Schmidt analysierte die Funddaten und die Größe der Leptocephali und vermutete, dass die Aale allesamt in der im westlichen Atlantik gelegenen Sargassosee zur Welt kamen. Und tatsächlich stellte sich die Hypothese dann sowohl für die Europäischen als auch die Amerikanischen Aale als zutreffend heraus und wurde durch spätere Untersuchungen in den 1980er-Jahren bestätigt.

Endzweck der Wanderung des Europäischen Aals ist also die Fortpflanzung. Deshalb brechen die ausgewachsenen Exemplare, auch Blankaale oder Silberaale genannt, im Herbst zu einer Laichwanderung von 5.500 Kilometern auf: Sie starten von den europäischen Flüssen und erreichen im April die Sargassosee. In dieser ganzen Zeit fressen sie nicht,[159] schwimmen jeden Tag, wobei sie nachts in oberflächennahen Gewässern dahinziehen, während sie im Morgengrauen auch bis über 500 Meter tief in Gewässer abtauchen, die rund zwei Grad kälter sind. Die Europäischen Aale voll-

---

159 Vincent J. T. van Ginneken und Gregory E. Maes, *The European eel (Anguilla anguilla, Linnaeus), its Lifecycle, Evolution and Reproduction: A Literature Review*, in „Reviews in Fish Biology and Fischeries", 2005, 15, S. 367–398.

ziehen also auch tägliche Vertikalwanderungen; das könnte von Vorteil sein, um nicht von Raubtieren entdeckt und gefressen zu werden oder um die Körpertemperatur unter elf Grad Celsius zu halten und die Reifung der Gonaden bis zum Bestimmungsort zu verzögern.[160]

Nach der Ankunft in der Sargassosee geben Weibchen und Männchen, die von überall aus Europa dorthin gekommen sind, ihre Eier bzw. Samen ab. Aus den befruchteten Eiern entstehen die Leptocephali, kleine, durchsichtige Larven, die 17–28 Monate lang im Meer verbleiben und sich von Plankton ernähren; danach treibt der Golfstrom sie nach Europa.[161] Einmal in die Nähe der europäischen Kontinentalplatte gelangt, verwandeln sich die Leptocephali in eine postlarvale Form, die weiterhin durchsichtig ist und darum Glasaal genannt wird. Dort warten sie auf die Flut: Sie sind immer noch nicht imstande, aktiv zu schwimmen, und nutzen die Gezeiten, um sich in Ästuare, Flüsse, Kanäle, Seen und Staubecken schwemmen zu lassen. Während dieser Phase machen sie zahlreiche Veränderungen durch: physiologische (zum Beispiel werden sie süßwasserverträglich) und morphologische (ihre Haut beginnt Pigmente zu bilden, sie bilden die Schwimmblase aus und fangen an, aktiv zu schwimmen). Anschließend ziehen sie die Flüsse hinauf und richten sich darauf ein, ungefähr drei bis 15 Jahre dort zu bleiben. Die flussaufwärts ziehenden Aale werden auch Steig- oder Gelbaale genannt. Tagsüber verstecken sie sich im Schlamm oder in den Sedimenten, unter der Vegetation, im Unterwassergeäst oder zwischen Gestein, nachts kommen sie hervor, um zu fressen. Dabei sind sie nicht wählerisch: Sie knabbern auch an Kadavern. Die Männchen verbringen auf diese Weise drei bis acht Jahre, die Weibchen dagegen fünf bis 15 Jahre. Wenn die Ersteren ungefähr 30 und die Zweiten 40 Zentimeter lang sind, sind sie bereit für die

---

160 Kim Aerestrup *et al.*, *Oceanic Spawning Migration of the European Eel (Anguilla anguilla)*, in „Science", 2009, 325, S. 1160.

161 Michael J. Miller *et al.*, *A century of research on the larval distributions of the Atlantic eels: a re-examination of the data*, in „Biological Reviews", 2014, 90, S. 1035–1064.

Wanderung zum Meer und kehren in die Sargassosee zurück, wo sie geboren wurden.[162]

Bisher konnte man noch nicht herausfinden, ob sich alle Europäischen Aale bei der Fortpflanzung mischen oder ob jede Population eine eigene Identität bewahrt. Im Übrigen kennt man weder die genauen Routen der Leptocephali – sie sind zu klein, um sie mit einem Satellitensender auszustatten – noch die der ausgewachsenen Tiere besonders gut. Die Aale Osteuropas scheinen keine allzu weit im Norden verlaufenden Routen zu wählen, sondern durchqueren den Ärmelkanal, um in die Sargassosee zu gelangen.[163] Über die Mittelmeeraale weiß man noch weniger: Lange Zeit war man der Meinung, dass keiner von ihnen je die Straße von Gibraltar hinter sich lassen würde. Bis es 2016 einer Gruppe französischer Forscher gelang, das Gegenteil zu beweisen:[164] Bei ihrer Laichwanderung schwimmen die Mittelmeeraale durch die Straße von Gibraltar, und auch sie vollziehen auf ihrer Reise täglich eine Vertikalwanderung in der Wassersäule. Am Ende dieser Reise gelangen wahrscheinlich auch sie in die Sargassosee. Ganz sicher ist das aber nicht, denn auch in diesem Fall lösten sich die zur Überwachung der Wanderroute angebrachten Tags, bevor die Aale das Gebiet erreichten. Möglicherweise steuern die Mittelmeeraale oder zumindest jene, die weiter östlich leben, auch andere, bislang unbekannte Laichgebiete an.

Man hat versucht zu verstehen, wie sich die Europäischen Aale auf dieser Reise orientieren, bei der sie im Laufe ihres Lebens mindestens 10.000 Kilometer hin und zurück bewältigen. Einige For-

162 W. Russel Poole und J. D. Reynolds, *Growth rate and age at migration of Anguilla anguilla*, in „Journal of Fish Biology", 1996, 48, S. 633–642.

163 Jeroen Huisman *et al.*, *Heading south or north: novel insights on European silver eel Anguilla anguilla migration in the North Sea*, in „Marine Ecology Progress Series", 2016, 554, S. 257–262.

164 Elsa Amilhat *et al.*, *First evidence of European eels exiting the Mediterranean Sea during their spawning migration*, in „Scientific Reports", 2016, 6, https://doi.org/10.1038/srep21817; Fabrizio Capoccioni *et al.*, *The potential reproductive contribution of Mediterranean migrating eels to the Anguilla anguilla stock*, in „Scientific Reports", 2014, 4, https://doi.org/10.1038/srep07188.

scher[165] sind der Meinung, dass die Leptocephali in der Lage seien, sich am Erdmagnetfeld zu orientieren; so könnten sie bis zur „richtigen Ausfahrt" mit dem Golfstrom reisen. Andere stellen infrage, ob die Leptocephali tatsächlich über den sechsten, magnetischen Sinn verfügen.[166] Zweifel bleiben bestehen, weil man das Experiment an Glasaalen durchführte und keine anderen Faktoren berücksichtigte, wie etwa die Gezeiten, den Hauptfaktor, der die Wanderung der Glasaale die Flüsse hinauf steuert. Und tatsächlich konnte eine andere Forschergruppe in einer späteren, in *Science Advances*[167] veröffentlichten Untersuchung beweisen, dass die Glasaale, sobald sie die europäischen Küsten erreichen, den Magnetkompass verwenden, um sich zu orientieren und sich senkrecht zur Küstenlinie auszurichten. Dieses magnetische Orientierungssystem hängt aber mit einer tageszeitlichen Rhythmik zusammen, das heißt mit dem Gezeitenzyklus: Bei Flut lassen sie sich in die richtige Richtung treiben und bei Ebbe schwimmen sie am Grund, damit sie nicht wieder zurückgetrieben werden. Bei dieser schwierigen Flusswanderung orientieren sie sich offenbar anhand der süßen und kälteren Gewässern,[168] wobei sie absteigenden Salzgehalt- und Temperaturgradienten folgen. Der Geruchssinn scheint in diesem Fall keine große Rolle zu spielen. Da sie nicht in den Flüssen laichen, ist es nicht wesentlich, in dieser Phase genau zu sein: Sie müssen nur irgendwo ein gemütliches, süßes und kühles Plätzchen finden, wo sie ein paar Jahre zur Vorbereitung auf das wichtigste Ereignis ihres Lebens verbringen: der Fortpflanzung im Meer.

165 Lewis C. Naisbett-Jones *et al.*, *A Magnetic Map Leads Juvenile European Eels to the Gulf Stream*, in „Current Biology", 2017, 28, S. 1236–1240.
166 Caroline M. F. Durif *et al.*, *Whether European eel leptocephali use the Earth's magnetic field to guide their migration remains an open question*, in „Current Biology", 2017, 27, S. R998–R1000.
167 Alessandro Cresci *et al.*, *Glass eels (Anguilla anguilla) have a magnetic compass linked to the tidal cycle*, in „Science Advances", 2017, 3, DOI: 10.1126/sciadv.1602007.
168 L. Tosi *et al.*, *Relation of water odour, salinity and temperature to ascent of glasseels, Anguilla anguilla (L.): a laboratory study*, in „Journal of Fish Biology", 1990, 36, S. 327–340.

Teil III
Ein langer Marsch

WEISSSTORCH
Ciconia ciconia

Die Hauptrouten, die der Weißstorch bei seinem Zug wählt, um das Mittelmeer zu überqueren.

Küstenseeschwalbe

Weddellmeer

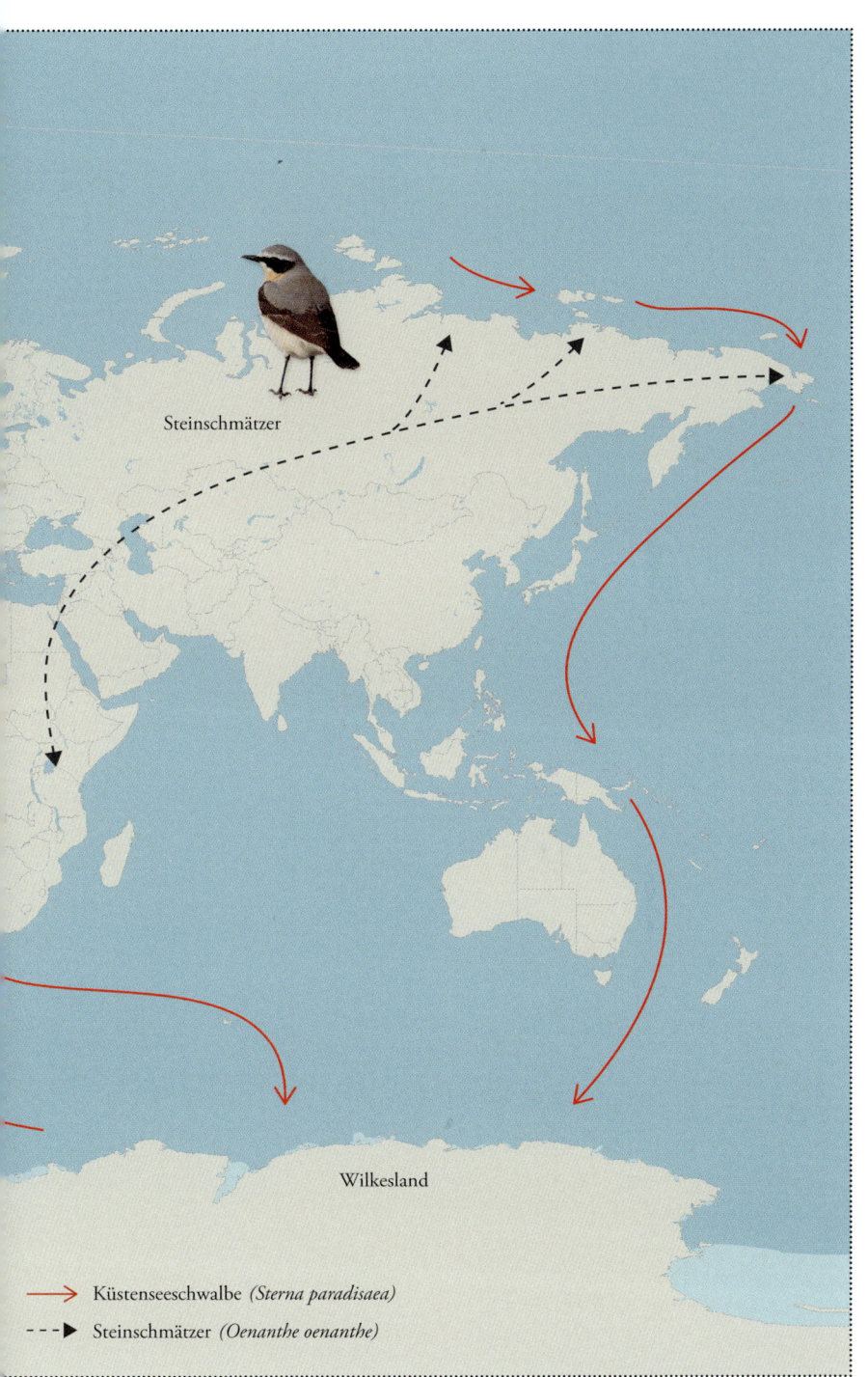

Steinschmätzer

Wilkesland

→ Küstenseeschwalbe *(Sterna paradisaea)*

---> Steinschmätzer *(Oenanthe oenanthe)*

Seychellen

Wanderlibelle

Amurfalke

Malediven

→→→	Amurfalke *(Falco amurensis)*
- - -▶	Wanderlibelle *(Pantala flavescens)*
·········	Brutareal des Amurfalken
·········	Überwinterungsareal des Amurfalken

DIE „STAFETTE" DES MONARCHFALTERS (*Danaus plexippus*)

→ „Methusalem"-Generation
---» Erste Generation
---▶ Zweite Generation
→ Dritte Generation

POSTREPRODUKTIVE MIGRATION
DER RAUHAUTFLEDERMAUS
(*Pipistrellus nathusii*)

—→ Hauptrouten

– – Wahrscheinliche Route

········· Areal der Art

POSTREPRODUKTIVE MIGRATION DER
MEXIKANISCHEN BULLDOGGFLEDERMAUS
(*Tadarida brasiliensis*)

Kalifornien

Nevada

Utah

Colorado

Arizona

New Mex

Baja
California

Sonora

Sinaloa

Jalisco

Kansas

Oklahoma

Texas

Zentralmexiko

DIE MIGRATIONSROUTEN
EINIGER MEERESSCHILDKRÖTEN

Unechte Karettschildkröte

Hawaii

Insel
Ascension

Grüne Meeresschildkröte

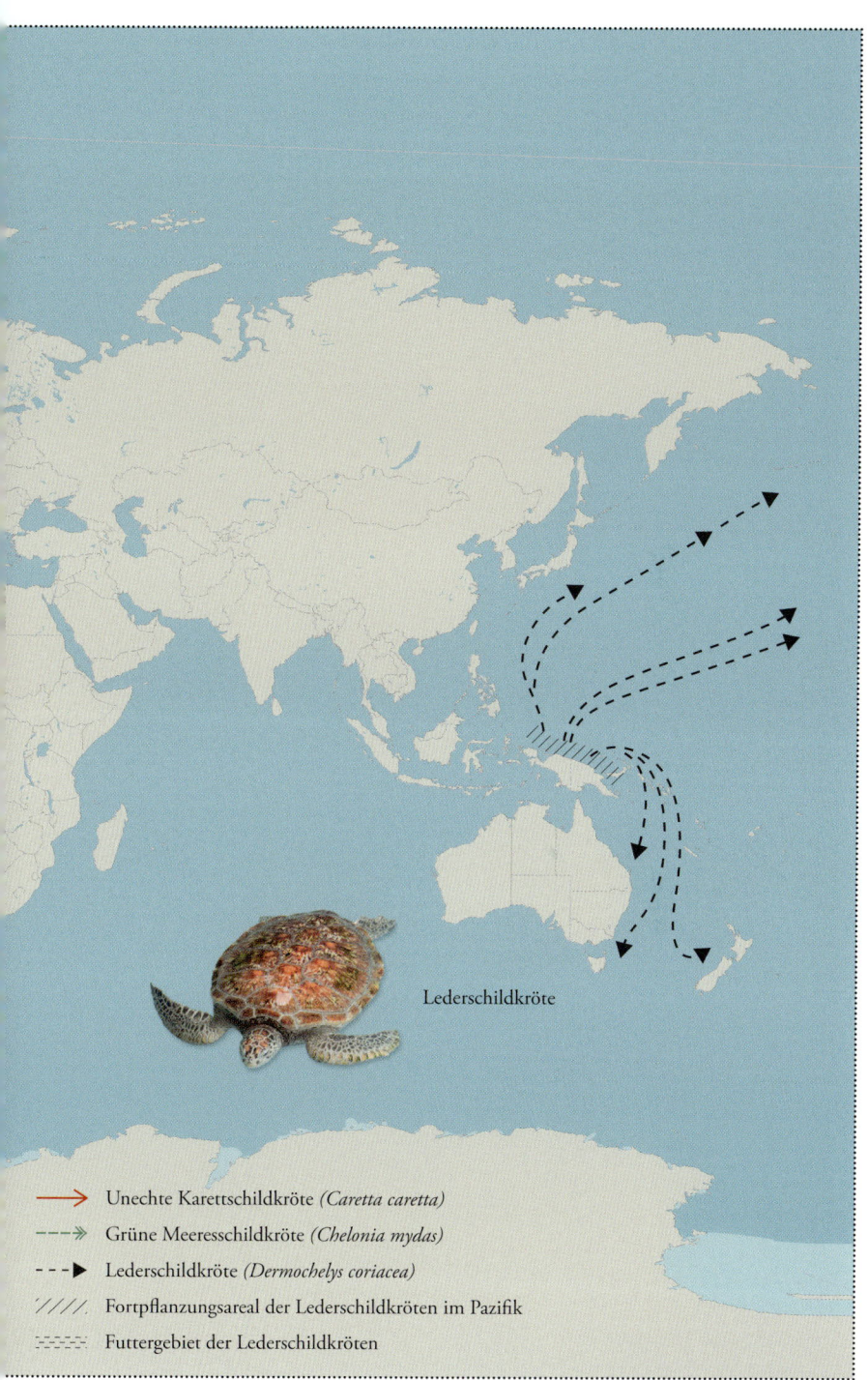

Lederschildkröte

→ Unechte Karettschildkröte *(Caretta caretta)*

--→ Grüne Meeresschildkröte *(Chelonia mydas)*

--▶ Lederschildkröte *(Dermochelys coriacea)*

///// Fortpflanzungsareal der Lederschildkröten im Pazifik

≈≈≈≈ Futtergebiet der Lederschildkröten

Grauwal

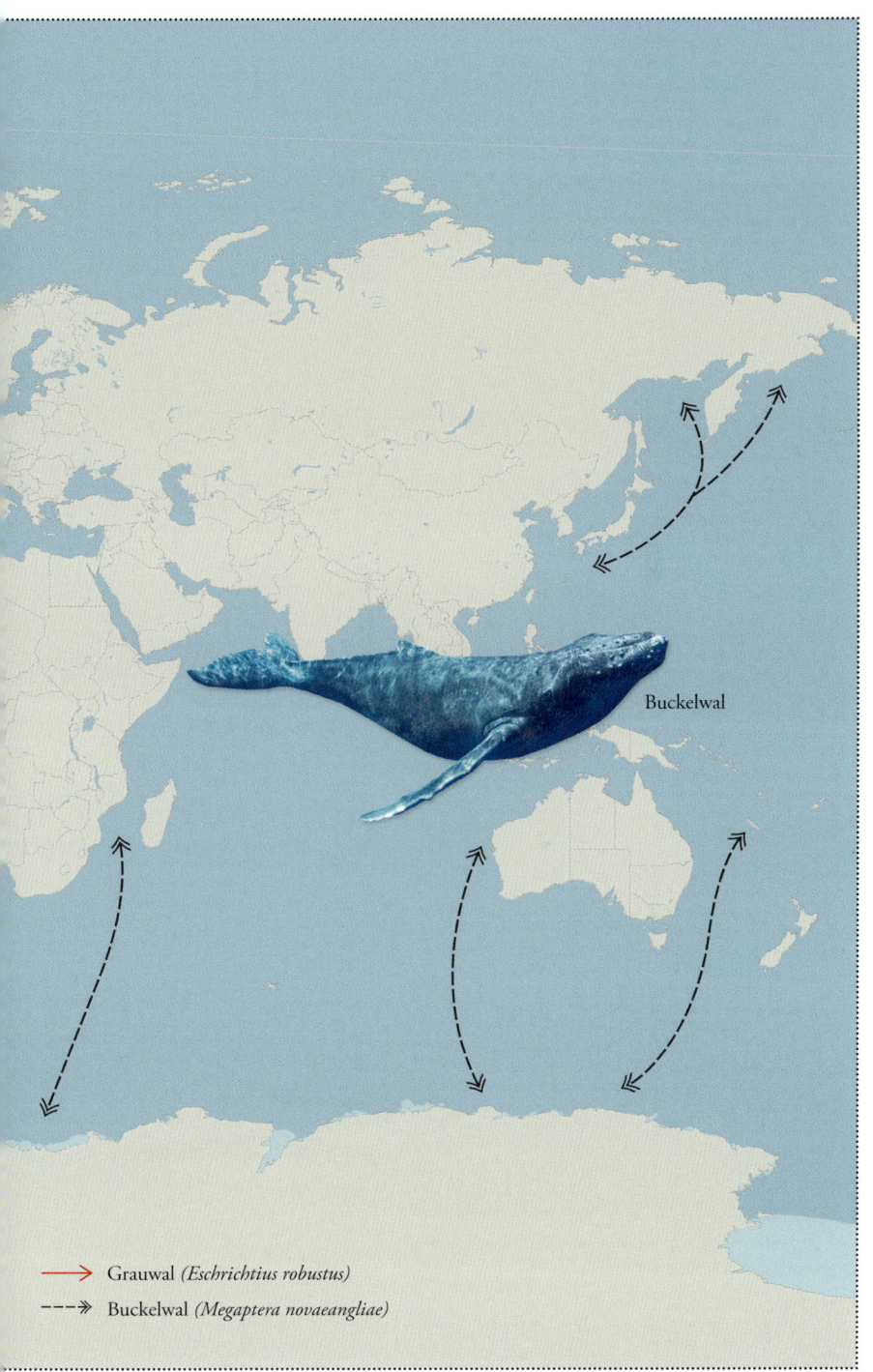

Buckelwal

→ Grauwal *(Eschrichtius robustus)*

⤍ Buckelwal *(Megaptera novaeangliae)*

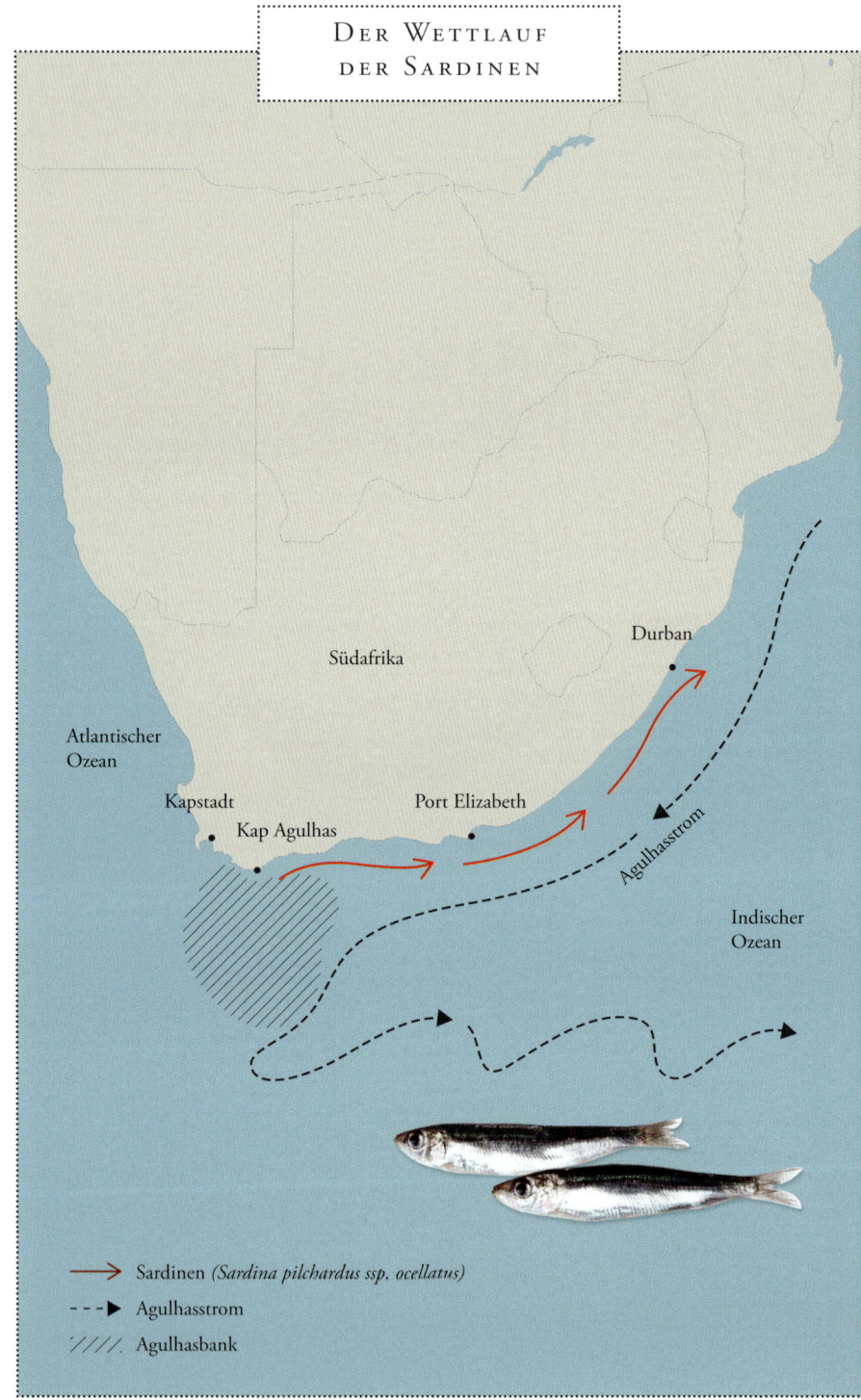

DER WETTLAUF
DER SARDINEN

Durban

Südafrika

Atlantischer
Ozean

Kapstadt

Kap Agulhas

Port Elizabeth

Agulhasstrom

Indischer
Ozean

Sardinen *(Sardina pilchardus ssp. ocellatus)*

Agulhasstrom

Agulhasbank

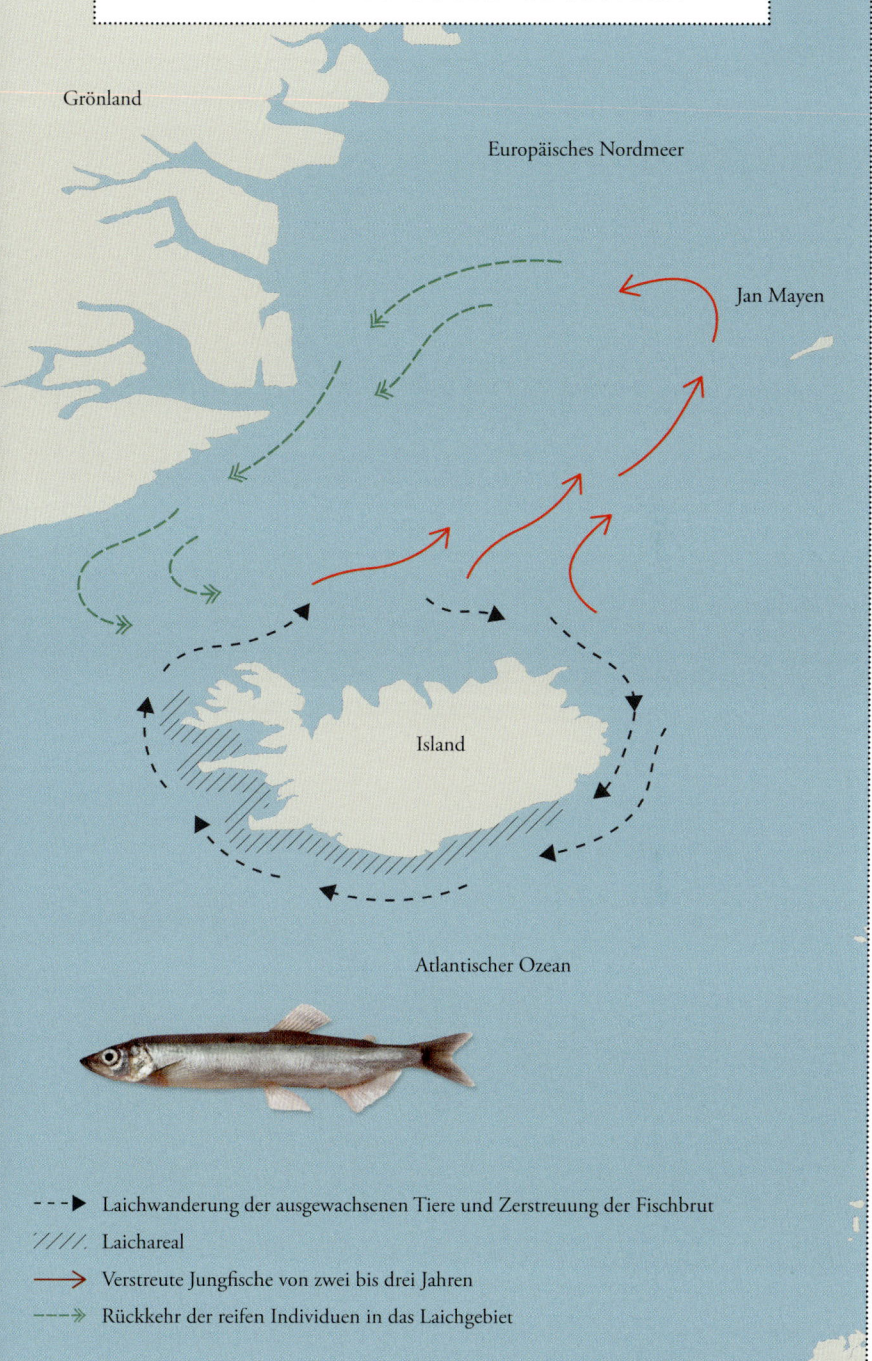

DIE LODDEN *(Mallotus villosus)*
IN DEN ISLÄNDISCHEN GEWÄSSERN

Grönland

Europäisches Nordmeer

Jan Mayen

Island

Atlantischer Ozean

- - -▶ Laichwanderung der ausgewachsenen Tiere und Zerstreuung der Fischbrut

////. Laichareal

——▶ Verstreute Jungfische von zwei bis drei Jahren

- - -» Rückkehr der reifen Individuen in das Laichgebiet

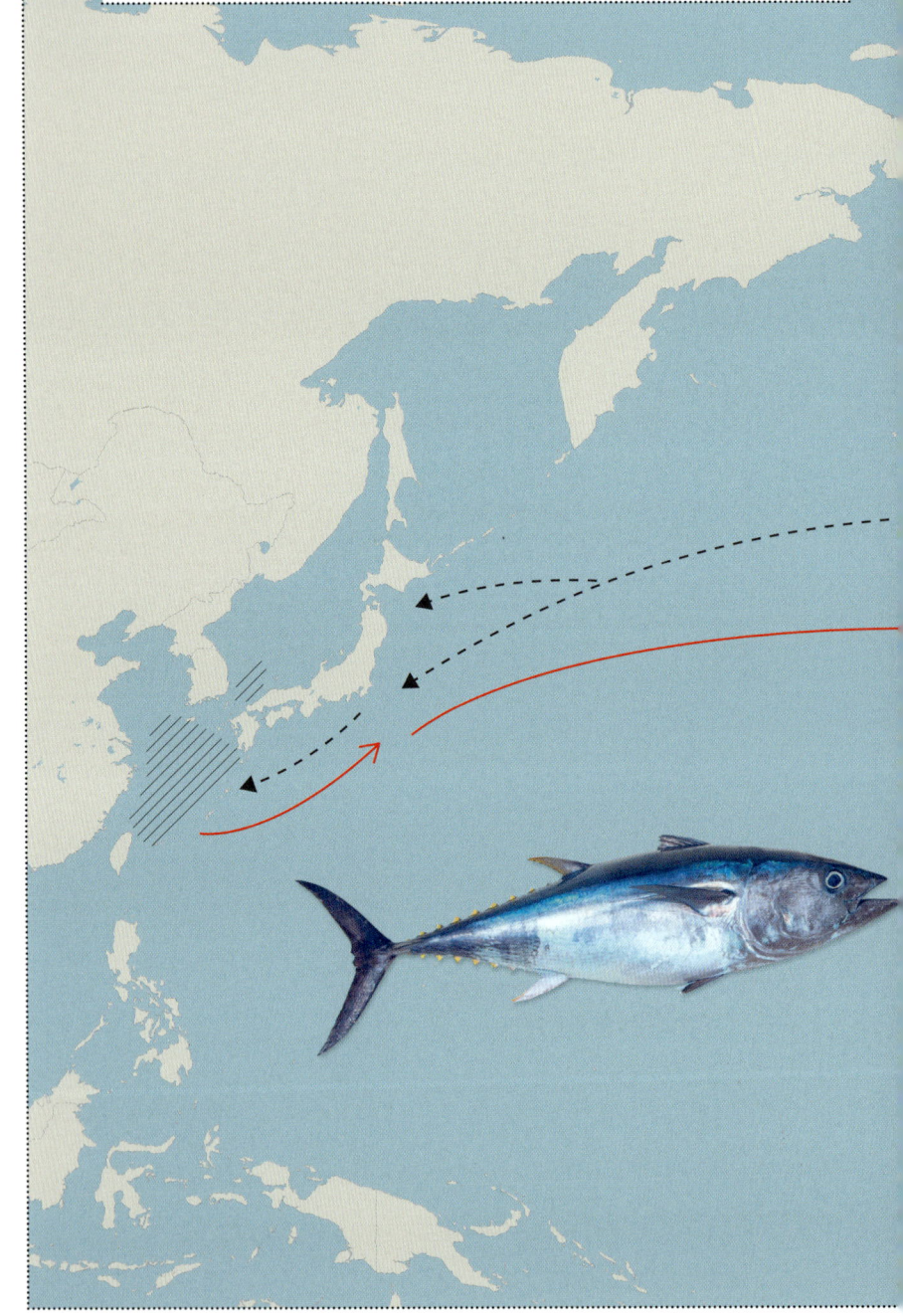

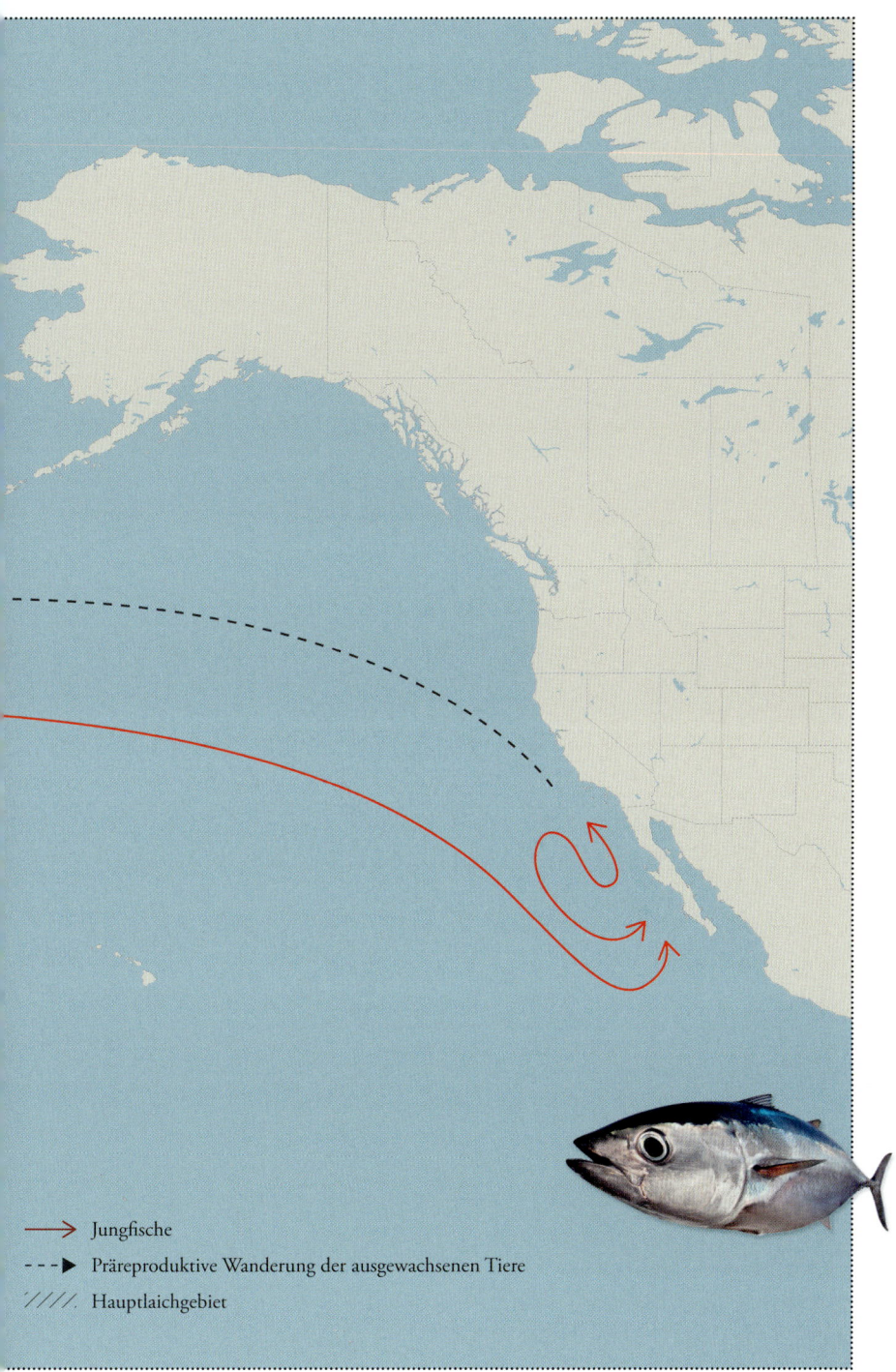

→ Jungfische

- - -▶ Präreproduktive Wanderung der ausgewachsenen Tiere

//// Hauptlaichgebiet

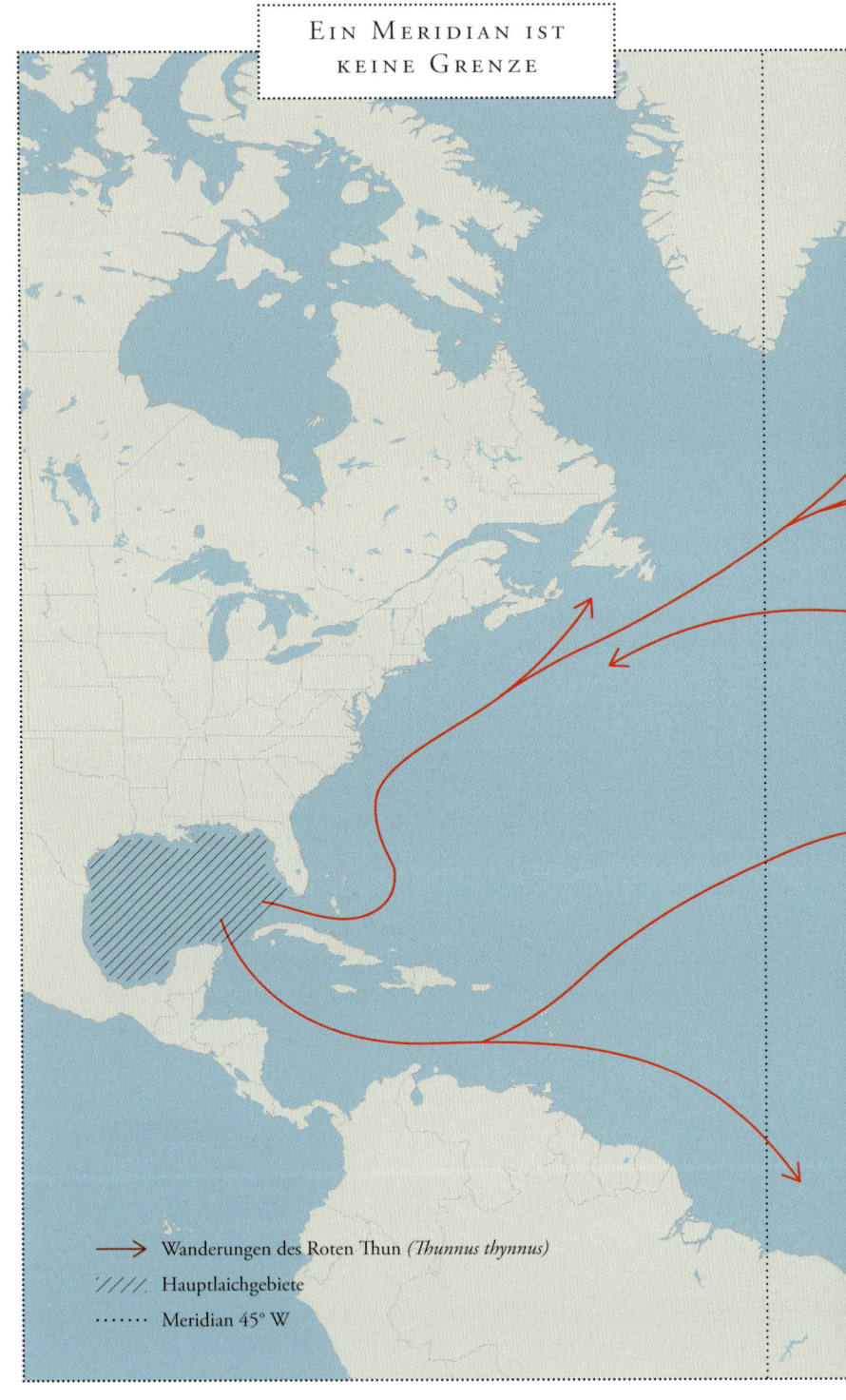

→ Wanderungen des Roten Thun *(Thunnus thynnus)*

///// Hauptlaichgebiete

······ Meridian 45° W

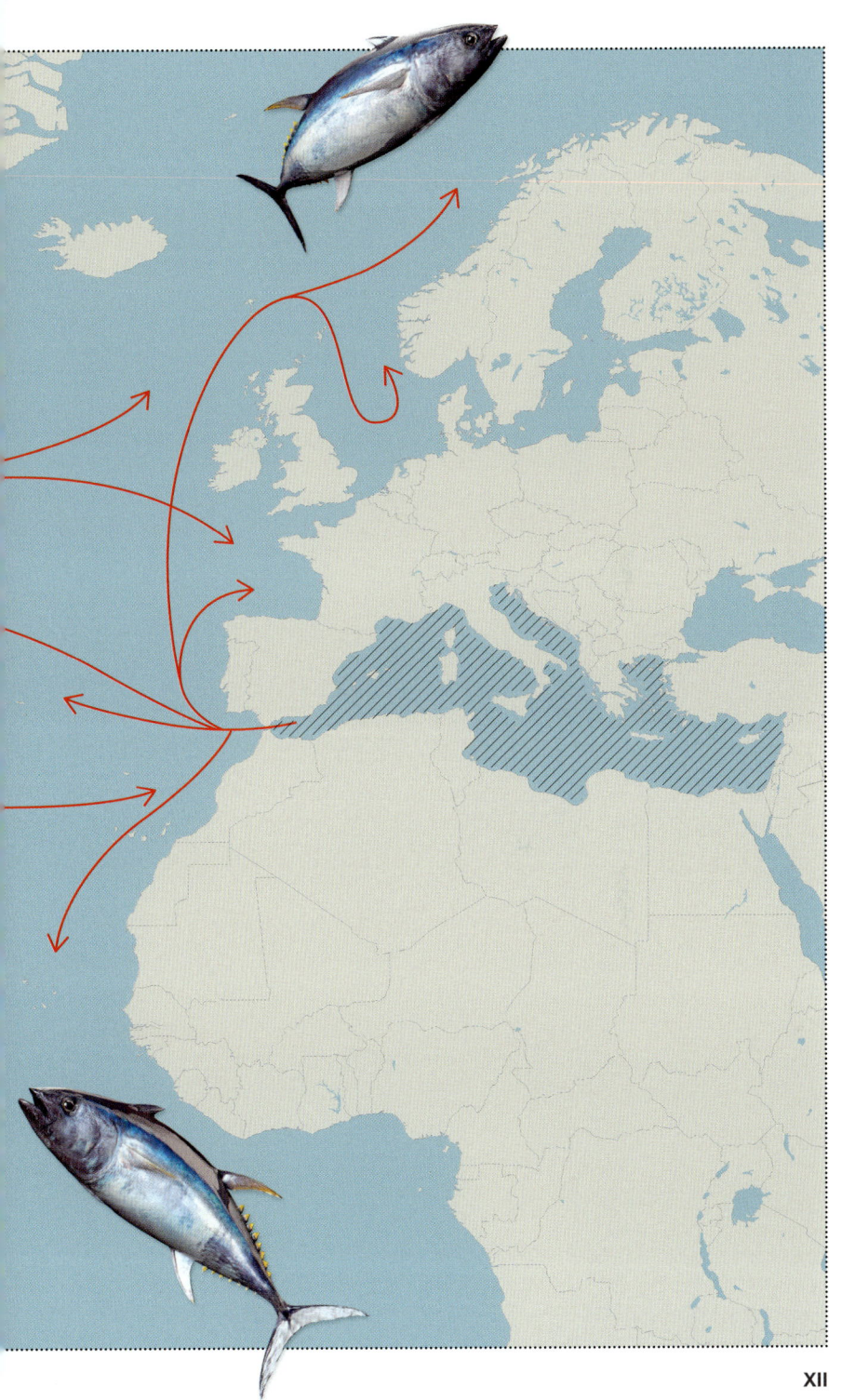

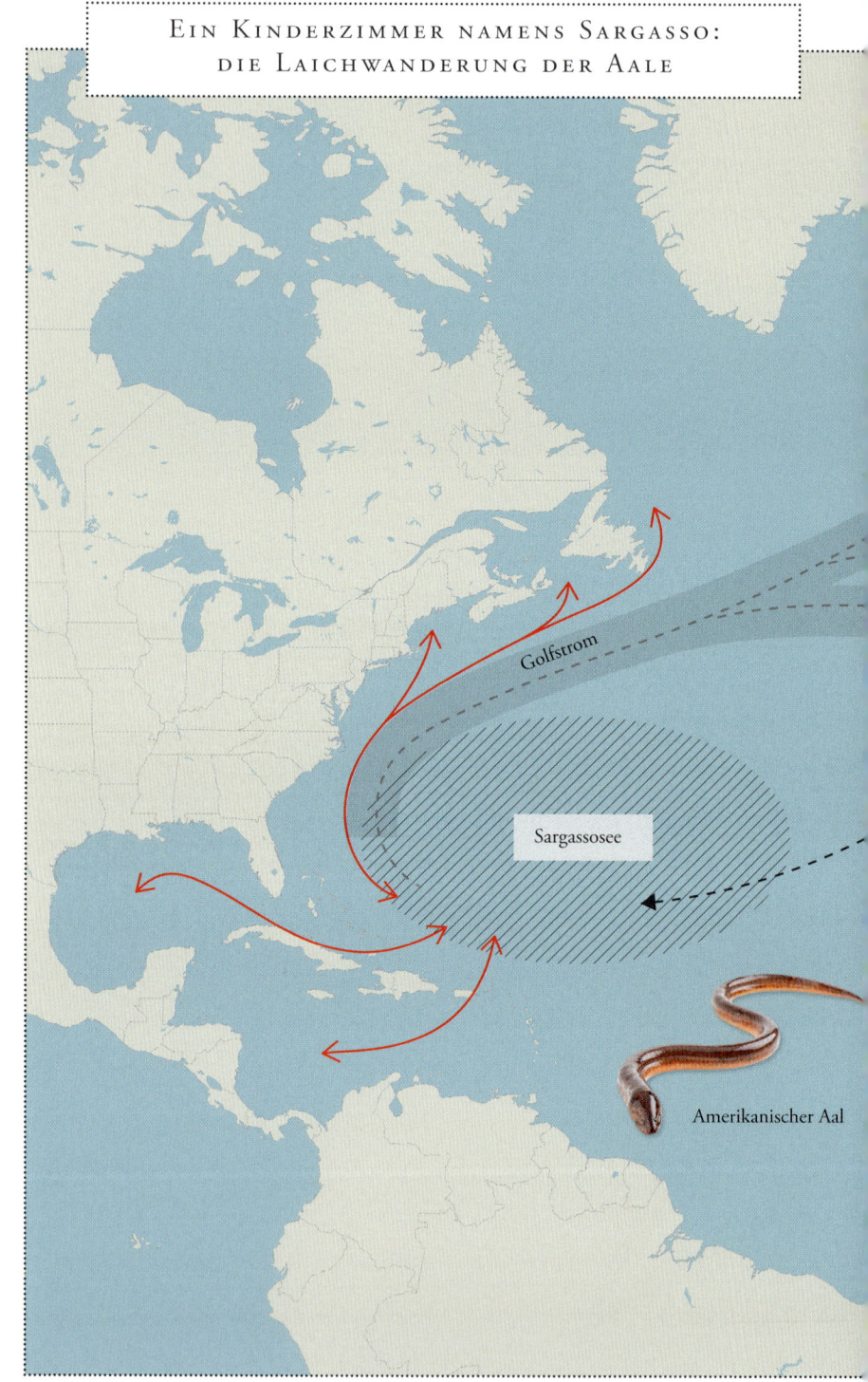

Golfstrom

Sargassosee

Amerikanischer Aal

Europäischer Aal

→ Amerikanischer Aal *(Anguilla rostrata)*
---▶ Europäischer Aal *(Anguilla anguilla)*
---▶ Rückkehr der Leptocephali der Europäischen Aale
////. Laichgebiet

MEERESWANDERUNGEN
DER PINGUINE

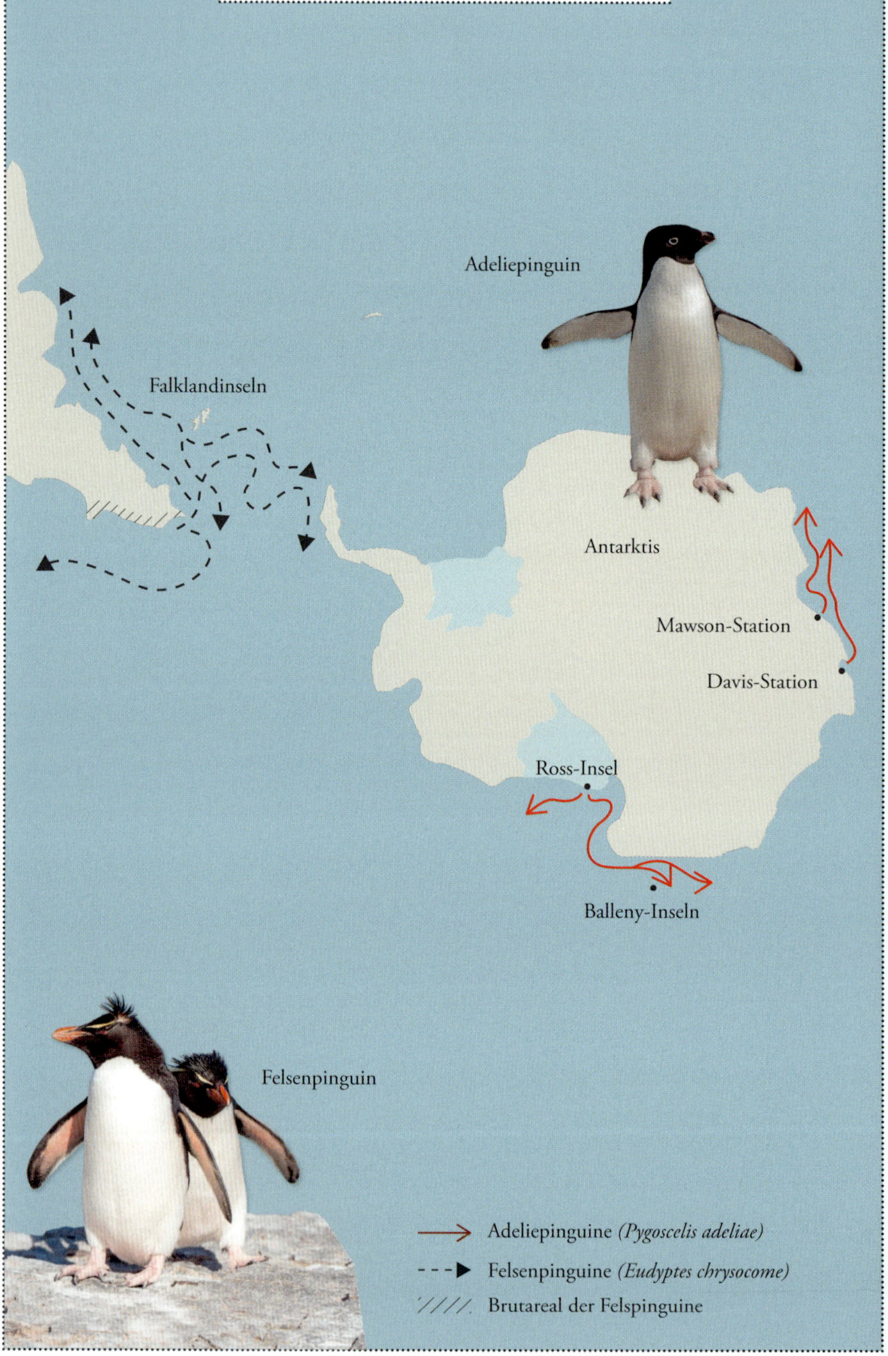

Adeliepinguin

Falklandinseln

Antarktis

Mawson-Station

Davis-Station

Ross-Insel

Balleny-Inseln

Felsenpinguin

→ Adeliepinguine *(Pygoscelis adeliae)*

- - ▶ Felsenpinguine *(Eudyptes chrysocome)*

///// Brutareal der Felspinguine

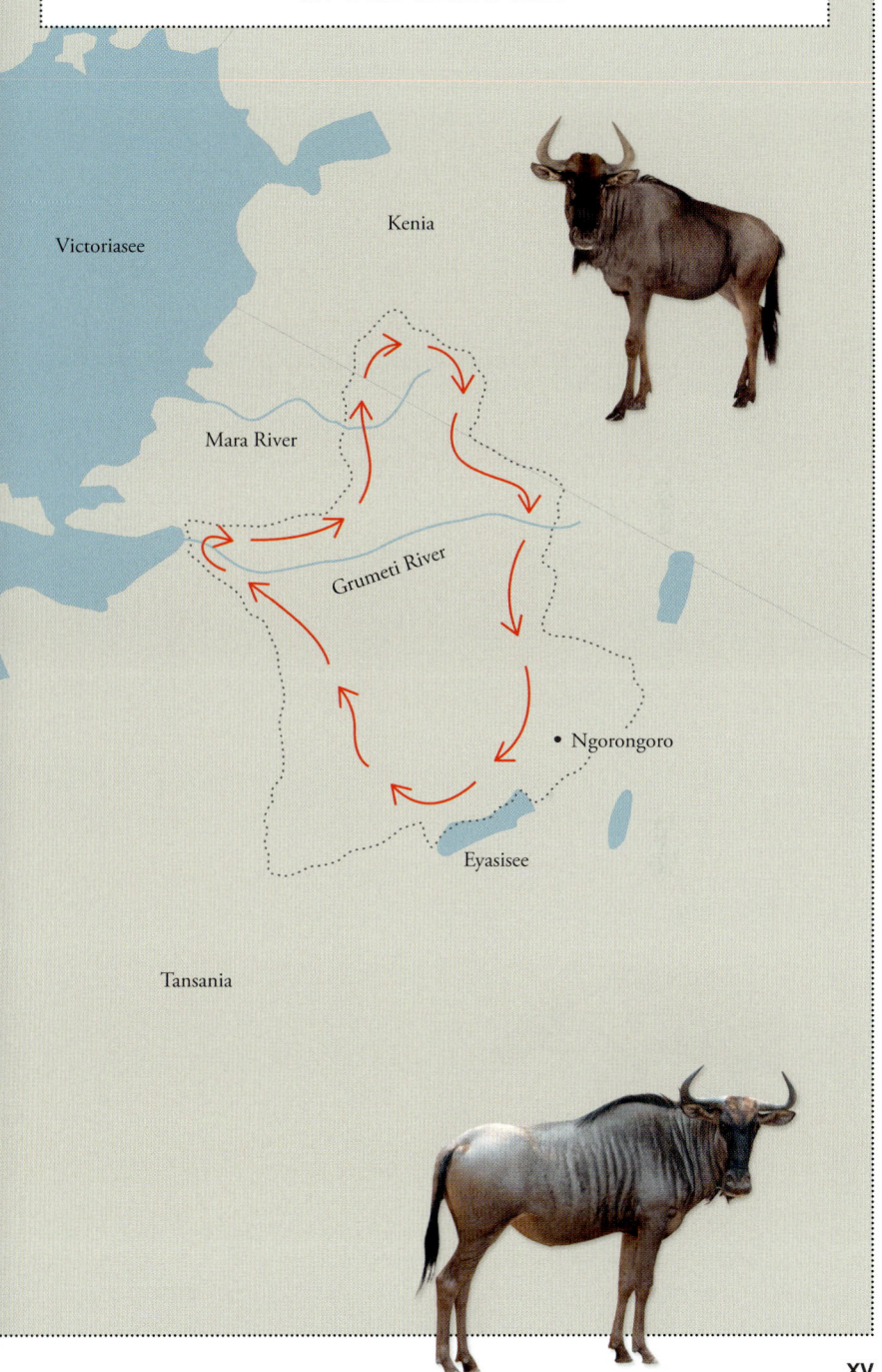

Victoriasee

Kenia

Mara River

Grumeti River

• Ngorongoro

Eyasisee

Tansania

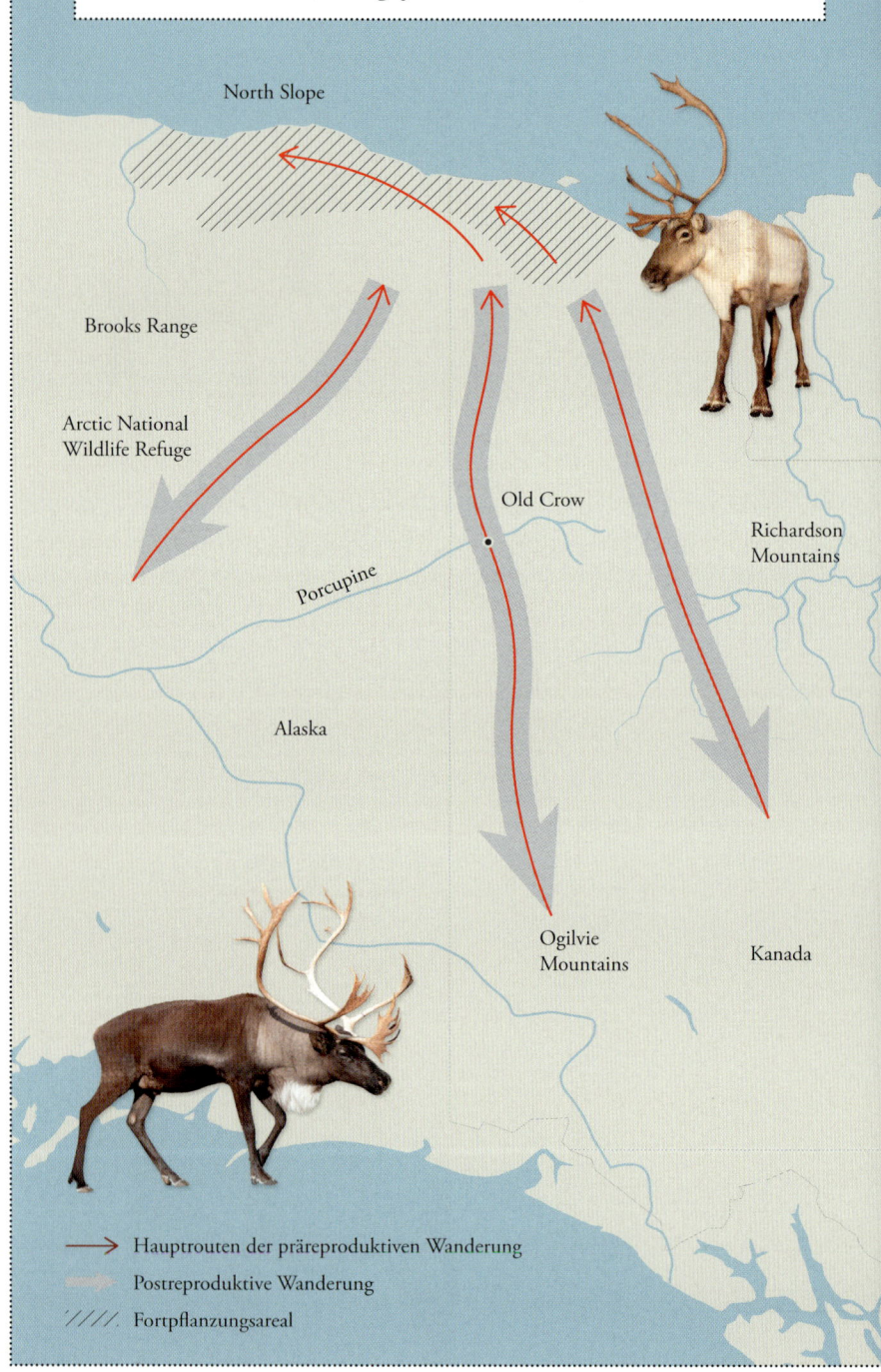

DIE WANDERUNG DER PORCUPINE-KARIBUS
(Rangifer tarandus)

North Slope

Brooks Range

Arctic National
Wildlife Refuge

Old Crow

Richardson
Mountains

Porcupine

Alaska

Ogilvie
Mountains

Kanada

⟶ Hauptrouten der präreproduktiven Wanderung

Postreproduktive Wanderung

///// Fortpflanzungsareal

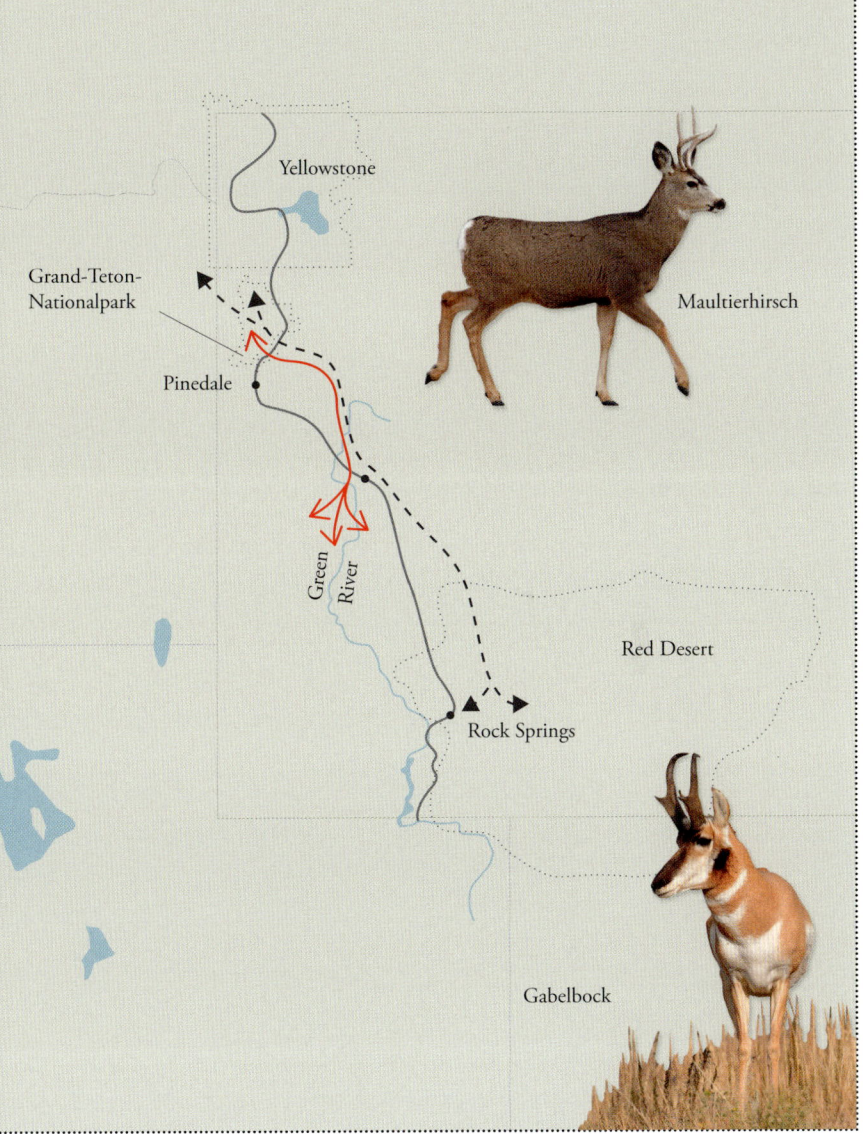

The Path of the Pronghorn:
auf der grünen Welle surfen

→ Gabelbock (*Antilocapra americana*)

▸ Maultierhirsch (*Odocoileus hemionus*)

— U. S. Highway 191

Yellowstone

Grand-Teton-
Nationalpark

Pinedale

Green
River

Maultierhirsch

Red Desert

Rock Springs

Gabelbock

Kapitel 9
Auf dem Eis der Antarktis

Sie haben Flügel, doch sie fliegen nur unter Wasser. Sie sind geschickte Jäger und Taucher und sogar beherzte Marathonläufer, obwohl ihre Gangart absolut kein leichtfüßiger Laufschritt ist. Das Leben der Pinguine spielt sich zwischen Ozean und Festland ab: Sie sind gezwungen, zwischen den Wogen der Meere, in denen sie sich ernähren, und den Kontinenten, an die sie jedes Jahr zum Brüten zurückkehren, zu pendeln, wobei sie oft lange Märsche auf sich nehmen. Auch die Pinguine sind also Wanderer und unternehmen ihre Reise schwimmend und zu Fuß, auch wenn das heißt, sich auf Eis fortzubewegen. Allgemein gelten die *Spheniscidae*, so ihr wissenschaftlicher Name, als ikonische Tiere des antarktischen Kontinents. Allerdings leben nicht alle in der Kälte und nicht alle am Südpol. Nur fünf Arten brüten in der Antarktis und verbringen ihr Dasein am unwirtlichsten Ort der Erde: die bekannteste, nämlich der Kaiserpinguin *(Aptenodytes forsteri)*, der Goldschopfpinguin *(Eudyptes chrysolophus)* und die drei zu den Langschwanzpinguinen *(Pygoscelis)* zählenden Arten, darunter der Adeliepinguin *(Pygoscelis adeliae)*.

Adeliepinguine sind ungefähr 50–70 Zentimeter groß und fünf bis sechs Kilo schwer und erregten durch mehrere schlimme Fortpflanzungsjahre einiger Populationen öffentliche Aufmerksamkeit. Dabei trugen die Schlagzeilen manchmal etwas zu dick auf: Verluste gab es in der Tat, doch sie waren für die Art nicht existenzbedrohend. Alles in allem sind die Adeliepinguine jedenfalls die zahlreichste Art der ganzen Familie. Nach letzten Schätzungen beläuft sich die Weltpopulation auf fast vier Millionen Brutpaare, von denen 36 Prozent im Bereich des antarktischen Rossmeers leben.[169] Andere schätzen, dass es sogar an die 9,5 Millionen Brutpaare, also insgesamt 14–15 Millionen Adeliepinguine gibt, die sich im Südpolarmeer ernähren.[170]

Mitte Oktober kehren die Adeliepinguine aus dem offenen Meer zurück, wo sie einen Großteil des Südsommers verbracht haben, und suchen wieder ihre Kolonie an den Küsten des Antarktischen Kontinents auf. Diese finden sie dank ihres hoch entwickelten Geruchssinns und außergewöhnlichen Orientierungsvermögens, und dort bleiben sie bis Ende Februar, um eine Familie zu gründen. Sie sind Tiere mit einer großen Philopatrie (Brutortstreue), brüten also immer an der gleichen Stelle, und normalerweise sind sie monogam. Die Männchen treffen fast alle zugleich ein, ein paar Tage vor den Weibchen, wenn das Eis, das die Küsten bedeckt, noch nicht ganz verschwunden ist.

In dieser scheinbar trostlosen Einöde müssen sie sich Mühe geben, um das Weibchen zu erobern, und machen sich deshalb gleich auf die Suche nach dem perfekten Geschenk: ein Steinchen, ein Gegenstand, der – auch auf den seit Kurzem eisfreien antarktischen Stränden – selten und schwer zu finden sein kann. Wenn aber das Weibchen das Geschenk annimmt, bleibt das Paar ein Leben lang zusammen und das Männchen kümmert sich Jahr für Jahr um den Nestbau: eine Anhäufung von rund 200 Kieseln und Steinen, sorgfältig ausgesucht, alle ungefähr gleich groß und so angeordnet, dass sie einen kleinen Hügel bilden. Die passenden Kieselsteine zu finden ist kein leichtes Unterfangen und oft ist der Stein des Nachbarn schöner und glänzender als der eigene. Deshalb kommt es nicht selten dazu, dass die mit dem Ausbessern des im Vorjahr gebauten Nestes beschäftigten Männchen am Ende die Steine des Nachbarn stehlen. Aber auch die Stelle, wo das Nest hinkommen

---

169 H. J. Lynch und M. A. LaRue, *First global census of the Adélie Penguin*, in „The Auk", 2014, 131, S. 457–467.

170 Colin Southwell *et al.*, *Large-scale population assessment informs conservation management for seabirds in Antarctica and the Southern Ocean: a case study of Adélie penguins*, in „Global Ecology and Conservation", 2017, 9, S. 104–115.

soll, muss sorgfältig gewählt werden: Ideal ist ein erhöhter oder leicht abfallender Platz, da das Nest bei der Schneeschmelze im späten Frühling und Frühsommer sonst leicht mit Wasser vollläuft.[171]

Wenn dann endlich alles bereit ist und die Weibchen eingetroffen sind, erfolgt die Paarung und das Weibchen legt zwei weiße, rundliche Eier. Von da an wechseln sich beide Eltern beim Brüten im Turnus von 12 Tagen ab. Wer beim Nest bleibt, frisst nicht: Er muss fasten und geduldig auf Ablösung warten. Wer sich dagegen zum Fressen entfernt, muss in einigen Gebieten mehr als 50 Kilometer über das Meereis zurücklegen,[172] um dann endlich ins Wasser zu tauchen und Fressvorräte zu sammeln.

Im Dezember aber, wenn nach 30–35 Bruttagen die Eier aufbrechen, wechseln sich die Eltern in der Futterversorgung ab; sie müssen dann zwangsläufig schneller und mehr Futter finden, für sich und den Nachwuchs. Wer in der Kolonie bleibt, muss die Küken je nach Standort gegen die Angriffe von Raubmöwen der Arten Antarktiskua *(Stercorarius maccormicki)* und Subantarktiskua *(Stercorarius antarcticus)* sowie des Riesensturmvogels *(Macronectes giganteus)* verteidigen: Vögel, die gern bei den kleinen und wehrlosen neugeborenen Küken zuschlagen.

So müssen die erwachsenen Tiere in den ersten beiden Lebensmonaten der Jungen gezwungenermaßen viele Kilometer zu Fuß auf dem Eis zurücklegen, wo sie ohnehin nicht sehr flink sind: Zu Fuß schaffen sie gerade mal 2,5 Kilometer in der Stunde. Um schneller voranzukommen und weniger Energie zu verbrauchen, wenden sie häufig eine andere Technik an: das *tobogganing.* Wenn der Schnee zu weich zum Laufen ist und sie einsinken oder wenn sie ein Gefälle nutzen können, legen sich die Pinguine auf den Bauch und rutschen so dahin, wobei sie sich mit Füßen und

---

171 Nicholas J. Volkman und Wayne Trivelpiece, *Nest-site selection among Adélie, Chinstrap and Gentoo penguins in mixed species rookeries,* in „Wilson Bulletin", 1981, 93, S. 243–248; Richard Tenaza, *Behavior and nesting success relative to nest location in Adélie penguins (Pygoscelis adeliae),* in „The Condor", 1971, 73, S. 81–92.

172 Berry Pinshow, *Terrestrial locomotion in penguins: it costs more to waddle,* in „Science", 1977, 195, S. 592–594.

Flügeln abstoßen. Sobald sie den Ozean erreicht haben, tauchen sie ins Wasser und „sausen" mit vier bis acht Stundenkilometern in einer Entfernung zwischen fünf und 120 Kilometer von der Küste umher, um Krill *(Euphausia sp.)* und Antarktischen Silberfisch *(Pleuragramma antarcticum)* zu fangen,[173] die über 95 Prozent ihrer Nahrung ausmachen. Beim Fischen bleiben sie gewöhnlich in den oberen 50–70 Metern, können aber auch bis in eine Tiefe von 170 Metern vorstoßen,[174] und sie tauchen im Schnitt zwei bis drei Minuten lang, auch wenn sie den Atem länger anhalten könnten. Sie müssen versuchen, so viel Futter wie möglich zu hamstern, und je nach Größe und Alter der Küken zwischen 300 und 650 Gramm Fang zum Nest schaffen. Dabei passen sie die Beute auch dem Geschlecht der Jungen an: Mühsamer aufzuziehen sind die Männchen, die mehr Fisch brauchen und am Ende der Saison etwa 450 Gramm schwerer sind als die Weibchen.[175] Bei ihrer Jagd im Ozean müssen sich die Eltern zudem vor einem anderen gefährlichen Räuber hüten: dem Seeleoparden *(Hydrurga leptonyx)*, den Küstenzonen mit vielen Pinguinen magisch anzuziehen scheinen. Und als ob nicht schon alles kompliziert genug wäre, müssen die Eltern jeweils innerhalb von 72 Stunden wieder zurück sein. Kurzum, das Leben der Adeliepinguine ist nicht einfach, doch bei ihren Versuchen, den Seeleoparden zu entkommen, haben sie noch ein Ass im Ärmel: Sie brüten entweder in ganz kleinen, von den Robben nicht so leicht aufzuspürenden Kolonien oder in großen Ansammlungen, um die Wahrscheinlichkeit, von Robben gefressen zu werden, zu minimieren.[176] Bei diesem Überlebenskampf kann

---

173 David G. Ainley *et al.*, *Spatial and temporal variation of diet within a presumed meta-population of Adélie penguins*, in „The condor", 2003, 105, S. 95–106.

174 David G. Ainley und Grant Ballard, *Non-consumptive factors affecting foraging patterns in Antarctic penguins: a review and synthesis*, in „Polar Biology", 2012, 35, S. 1–13.

175 Scott Jennings et al., *Sex-based differences in Adélie penguin (Pygoscelis adeliae) chick growth rates and diet*, in „Plos One", 2015, 11, doi:10.1371/journal.pone.0149090.

176 David G. Ainley *et al.*, *Leopard seal predation rates at penguin colonies of different size*, in „Antarctic Science", 2005, 17, S. 335–340.

das Auftauchen großer Eisberge, die den Zugang zum Meer blockieren, die Fortpflanzung einer Kolonie ernsthaft gefährden, zwingt es die erwachsenen Tiere doch zu enormen Umwegen. Solche Ereignisse sind gar nicht so selten und sie verlängern nicht nur die Dauer der Nahrungssuche; mit der Zirkulation des Meereises können sich auch die Orte verändern, an denen die Pinguine Nahrung finden.[177] Dezember und Januar sind also entscheidende Monate, und wenn alles gut geht, sind die Küken Ende Januar groß genug, um für längere Zeit allein gelassen zu werden, sodass die Eltern mehr Spielraum haben, um sich zum Fressen zu entfernen. Im Februar, sieben bis neun Wochen nach der Geburt, sind die jungen Pinguine dann endlich so weit, dass sie zum ersten Mal ins Meer tauchen, und im März verlassen alle die Kolonie. Die erwachsenen Tiere kehren im Oktober wieder dorthin zurück, die Jungen dagegen kommen erst dann wieder, wenn auch sie mit drei bis fünf Jahren fortpflanzungsfähig sind. Im Südwinter, den sie auf der Jagd im Südpolarmeer verbringen, unternehmen die Adeliepinguine also außergewöhnliche Reisen, wenn auch mit einigen Ausnahmen. Jene, die in der Nähe der australischen Forschungsstationen Mawson und Davis brüten und nach Béchervaise Island ziehen, kommen auf nahezu 4.000 Kilometer in einem Winter.[178] Nach verschiedenen Untersuchungen sind die wahren Rekordhalter jedoch die Pinguine, die entlang der Küsten und Inseln des Rossmeeres brüten. Adeliepinguine, die ihr Nest in Kap Bird oder Kap Hallett bauen, verlassen die Bucht und folgen der Küste bis auf die Höhe der Balleny-Inseln, wo es einen 2.500 Meter tiefen Abhang gibt, der ab April zu 80 Prozent von Packeis bedeckt ist. Die großen, an Land gespülten und übereinander geschobenen Eisschollen sind

---

177 Kevin R. Arrigo *et al.*, *Ecological Impact of a Large Antarctic Iceberg*, in „Geophysical Research Letters", 2002, 29, https://doi.org/10.1029/2001GL014160.
178 Judy Clarke *et al.*, *Post-fledging and winter migration of Adélie penguins Pygoscelis adeliae in the Mawson region of East Antarctica*, in „Marine Ecology Progress Series", 2003, 248, S. 267–278.

ideal für diese Pinguine, um dort Unterschlupf zufinden. In vier Monaten legen die Pinguine aus der Ross-Bucht zwischen 20 und 60 Kilometer am Tag zurück und am Ende des Jahres sind sie 2.000–5.000 Kilometer geschwommen.[179] Einige Unermüdliche legen bis zu 17.600 Kilometer zurück, bevor sie wieder zu ihrer Kolonie auf der antarktischen Ross-Insel stoßen.[180]

Während die Pinguine der Ostantarktis den Kontinent im Februar/März verlassen und erst im Oktober nach einer beachtlichen Wanderung dorthin zurückkehren, ist die Situation im Westen anders. Hier, genauer gesagt auf den Yalour-Inseln der Antarktischen Halbinsel, die dem Südende Südamerikas gegenüberliegt, halten sich das ganze Jahr über Adeliepinguine auf, auch im Winter. Wahrscheinlich kehren sie dorthin zurück, wenn die Sicht zu schlecht ist, um im Meer zu fischen, oder wenn die Packeissituation vor der Küste nicht optimal ist.[181] Denn während der Küstenstreifen an der Ostküste der Antarktis im Winter von sogenanntem Festeis bedeckt ist, das eine Eisfläche bildet, die sich über eine Länge von 20–80 Kilometern erstreckt, ist dies an der Westküste nicht der Fall. Festeis verbleibt im Gegensatz zu Treibeis am Ort seiner Entstehung. Hier variiert die Ausdehnung des Festeises im Verlauf des Winters stark und garantiert den Adeliepinguinen nicht die bestmöglichen Bedingungen für die Jagd.

Die meisten Pinguinarten brüten wie die Adeliepinguine in mehr oder weniger großen Kolonien. Sie sind gewöhnlich monogam – wenn nicht fürs ganze Leben, so doch eine Brutsaison lang –, ziehen die Jungen auf, indem sie sich beim Brüten und Füttern

179 Lloyd S. Davis *et al.*, *The winter migration of Adelie penguins breeding in the Ross Sea sector of Antarctica*, in „Polar Biology", 2001, 24, S. 593–597; Lloyd S. Davis *et al.*, *Satellite telemetry of the winter migration of Adelie penguins (Pygoscelis adeliae)*, in „Polar Biology", 1996, 16, S. 221–225.

180 Grant Ballard *et al.*, *Responding to climate change: Adélie Penguins confront astronomical and ocean boundaries*, in „Ecology", 2010, 91, S. 2056–2069.

181 Caitlin Black *et al.*, *Time-lapse imagery of Adélie penguins reveals differential winter strategies and breeding site occupation*, in „Plos One", 2018, 13, DOI: 10.1371/journal.pone.0193532.

abwechseln, und verbringen den Winter auf der Südhalbkugel mit der Jagd im offenen Meer, wobei sie lange Reisen unternehmen. So halten es auch zwei Pinguinarten, die nicht auf dem Antarktischen Kontinent brüten. Zum einen die Magellan-Pinguine *(Spheniscus magellanicus)*, die sich zwischen September und Februar dicht gedrängt in großen Kolonien zwischen Argentinien und den Falklandinseln zusammenfinden. Man kann dort bis zu 20 Nester pro 100 Quadratmeter zählen. Nach Abschluss der Brutsaison, zwischen Februar und März, tauchen die Magellan-Pinguine in den Ozean und bleiben den ganzen Südwinter dort, bis Ende August, wobei sie bei ihrer Reise Richtung Norden Tausende Kilometer zurücklegen können. Von den Kolonien auf Punta Tombo oder auf den Inseln im Beagle-Kanal in Feuerland ziehen sie bis zur Halbinsel Valdés und weiter entlang der Küsten Uruguays und Südbrasiliens. Sie bleiben dabei innerhalb eines Bereichs von 250 Metern vor der Küste, schwimmen aber 2.300–2.600 Kilometer nur auf dem Hinweg; der Rekord liegt bei über 3.300 Kilometern pro Strecke.[182]

Zwischen den Falklandinseln und den Küsten Feuerlands brüten Felsenpinguine *(Eudyptes chrysocome chrysocome)*, die mit ihren roten Augen und dem gelben Federschopf besonders ulkig wirken. In den fünf Wintermonaten, die sie im Meer verbringen, stoßen sie bis an die Küsten der Antarktis vor, wobei sie an den Südlichen Shetlandinseln vorbeiziehen, oder sie gelangen in den Pazifik, indem sie Kap Hoorn passieren. In 145 Tagen schwimmen sie über 5.200 Kilometer,[183] bevor sie sich in den Brutkolonien, in denen sie geboren wurden, erneut paaren, Jahr für Jahr.

---

182 David L. Stokes *et al.*, *Conservation of migratory Magellanic penguins requires marine zoning*, in „Biological Conservation", 2014, 170, S. 151–161; Klemens Pütz *et al.*, *Winter migration of magellanic penguins (Spheniscus magellanicus) from the southernmost distributional range*, in „Marine Biology", 2007, 152, S. 1227–1235.

183 Klemens Pütz *et al.*, *Winter migration of rockhopper penguins (Eudyptes c. chrysocome) breeding in the Southwest Atlantic: is utilisation of different foraging areas reflected in opposing population trends?*, in „Polar Biology", 2006, 29, S. 735–744; Andrea Raya Rey *et al.*, *Effect of oceanographic conditions on the winter movements of rockhopper penguins Eudyptes chrysocome chrysocome from Staten Island, Argentina*, in „Marine Ecology Progress Series", 2007, 330, S. 285–295.

Auf den Südlichen Shetlandinseln, die die Felsenpinguine im Winter passieren, brütet eine weitere Spezies der Gattung *Eudyptes*, der Goldschopfpinguin. Wie der Name sagt, hat er einen dichten, goldgelben Federschopf. Der Goldschopfpinguin unternimmt in den etwa sechs Wintermonaten Meereswanderungen von über 10.000 Kilometern, ohne seinen Fuß auf Land zu setzen. Um eine Vorstellung vom Ausmaß seiner Reisen im Meer zu bekommen: Goldschopfpinguine, die auf dem Kerguelen-Archipel brüten, durchmessen auf der Jagd südlich des Indischen Ozeans ein Gebiet von drei Millionen Quadratkilometern zwischen 47–49° südlicher Breite und 70–110° östlicher Länge.[184]

Während diese Arten aber vorwiegend im Wasser große Distanzen zurücklegen, muss der berühmteste von allen, der Kaiserpinguin *(Aptenodytes forsteri)*, etliche Kilometer über das Eis wandern, um seine Brutstätten zu erreichen. Seine Wanderung ist ein richtiger Marsch, einer der härtesten des Tierreichs, auch weil er die einzige Pinguinart ist, die sich im antarktischen Winter fortpflanzt, bei grimmigen Temperaturen von bis zu minus 40 Grad Celsius und eisigen Winden, die mit 200 Stundenkilometern über das Land peitschen. So sind die Kaiserpinguine im April, wenn die Adeliepinguine ihre Brutperiode bereits abgeschlossen haben, gerade erst am Beginn ihrer Migrationsreise. Sie steigen aus dem Ozean und machen sich auf den Weg zu ihren Kolonien. Schön einer hinter dem anderen, nehmen sie eine der vielleicht härtesten Trekkingtouren in Angriff: 50 bis 120 Kilometer Fußmarsch über das Eis.[185] Der Kälte und dem Wind trotzend erreichen sie zu Tausenden die im Vorjahr verlassenen Kolonien. Die befinden sich großteils auf dem Festeis, dem an der Küstenlinie verankerten festen Meereis, nur vereinzelte dagegen auf dem eigentlichen antark-

---

184 Charles A. Bost *et al.*, *Where do penguins go during the inter-breeding period? Using geolocation to track the winter dispersion of the macaroni penguin*, in „Biology Letters", 2009, 5, S. 473–476.

185 Tony D. Williams, *The Penguins*, Oxford University Press, 1995, Oxford, England.

tischen Festland,[186] und fast alle liegen an mehr oder weniger flachen Stellen am Fuß von Abhängen und vereisten Hügeln, die Schutz vor dem Wind bieten.

Obwohl sie 1.20 Meter groß sind, erlauben die kurzen Beine den Kaiserpinguinen keinen schnellen Gang: Mit ihnen schaffen sie höchstens drei Kilometer in der Stunde. Und so verlegen auch sie sich auf dem Weg zur Kolonie häufig auf das *tobogganing*, die Rutschpartie auf dem Bauch.

Die Orientierung in einer endlosen weißen Weite ist nicht einfach, aber fundamental: Sich zu verirren bedeutet den Tod. Doch die Kaiserpinguine finden den Ort, an dem sie sich fortgepflanzt haben, Jahr für Jahr wieder, indem sie sich mithilfe der Himmelskörper, aber auch mit ihrem Geruchssinn und Gehör orientieren. Eine wichtige Rolle spielen auch Sehkraft und Erinnerung: Auch sie verwenden Landmarken und erkennen Eisberge und Kaps wieder.

Wenn sie dann im Mai in der Kolonie eingetroffen sind, paaren sie sich; doch von da an gestaltet sich das Leben vor allem für die Männchen schwieriger. Denn die Weibchen machen kehrt, sobald sie ein einziges Ei gelegt haben, gehen jene gut 100 Kilometer zurück und suchen wieder das Meer auf, um zu fressen. Die zurückgebliebenen Männchen dagegen müssen zwei lange Monate ununterbrochen das einzige Ei bewachen und ausbrüten und dabei dem Hunger und der Kälte trotzen. Das ist durchaus kein einfaches Unterfangen: Die Kaiserpinguine bauen kein Nest wie die Adeliepinguine und müssen darum das Ei auf den Füßen halten, ohne dass es den Boden berührt. Andernfalls würde es erfrieren. Die Eiübergabe ist ein äußerst heikler und riskanter Vorgang, die Bewegungen der beiden Partner müssen dabei genau aufeinander abgestimmt sein. Wenn das Ei dann auf dem Fuß des Vaters liegt, bedecken und umhüllen es die Männchen mit ihrer Bauchfalte,

---

186 Peter T. Fretwell *et al.*, *Emperor Penguins Breeding on Iceshelves*, in „Plos One", 2014, 9, https://doi.org/10.1371/journal.pone.0085285

um es wie in einer Decke warm zu halten. Diese besondere Brut-tasche sichert dem Ei eine Temperatur von ungefähr 30 Grad Celsius: eine Differenz von über 70 Grad gegenüber der Außen-temperatur. In dieser Position, mit geschlossenen Füßen und ange-hobenen Zehen, damit das Ei nicht wegrollt, sind die Männchen in ihren Bewegungen stark eingeschränkt und können sich auch kein Futter beschaffen. Deshalb bilden sie große Gruppen und rü-cken eng zusammen, um sich zu wärmen und ihre Körpertempe-ratur auf 36–37 Grad zu halten.[187] Und so, aufrecht und aneinan-dergeschmiegt, schlafen sie auch – bis zu 20 Stunden am Tag, um auf diese Weise ihren Energieverbrauch zu senken und den Winter zu überleben, bis die Weibchen zurückkommen. Nach dem letzten Sonnenuntergang im Mai bricht schnell das Dunkel herein und dann zieren nur mehr Sterne, die Milchstraße und ab und zu ein Südlicht den Himmel über den Köpfen der Kaiserpinguine. Ein atemberaubendes Panorama: der einmalige Lohn für die, die sich hierher wagen.

So verbringen die Männchen die Monate Juni und Juli, bis sich im August die Weibchen, zurück von der Jagd, wieder blicken las-sen und sie endlich ablösen, gerade rechtzeitig, um dem Schlüpfen ihres einzigen „Erben" beizuwohnen. Dann wird das Küken um-gebettet, diesmal auf die Füße und in die Bauchfalte der Mutter. Das Küken ist noch nicht in der Lage, bei diesen Temperaturen zu überleben, und ist daher auf einen warmen Unterschlupf angewie-sen, aus dem es nur hervorkommt, um gefüttert zu werden.

Seit nunmehr zwei Monaten ohne Nahrung, haben die Männ-chen ungefähr 20 Kilo abgenommen: fast die Hälfte ihres Körper-gewichts.[188] Lange dachte man, die Männchen würden sogar vier Monate lang hungern, etwa 115–120 Tage von dem Zeitpunkt im

---

187 D. J. McCafferty *et al.*, *Emperor penguin body surfaces cool below air temperature*, in „Biology Letters", 2013, 9, DOI: 10.1098/rsbl.2012.1192.

188 Jean-Patrice Robin *et al.*, *Protein and lipid utilization during long-term fasting in emperor penguins*, in „American Journal of Physiology-Regulatory, Integrative and Comparative Physiology", 1988, 254, S. R61–R68.

April an, wo sie wieder an Land gehen, um in die Kolonie zurückzukehren. Eine neuere Untersuchung hat jedoch ans Licht gebracht, dass die Männchen kurz vor der Eiablage des Weibchens ein wenig fressen können.[189] Sie opfern sich also etwas weniger lang auf, ungefähr 60–70 Tage, wodurch sich die Überlebenschancen des Vaters wie auch des kleinen Pinguins beträchtlich erhöhen.

Auf jeden Fall können die Männchen nach diesem gewaltigen Einsatz, kaum haben sie das Küken der Obhut der Mutter anvertraut, endlich wieder fressen; zuvor müssen sie aber an die 100 Kilometer über das Eis marschieren, um an den Ozean zu gelangen. Im Gegensatz zu den Weibchen können sie es sich nicht erlauben, lange wegzubleiben: Nach drei bis vier Wochen müssen sie zurück sein, haben also nur im August „freien Ausgang". Zwischen September und Oktober müssen sich nämlich die Eltern mindestens sechsmal am Nest abwechseln, was bedeutet, dass die erwachsenen Tiere zu einem aufreibenden Hin und Her gezwungen sind. Zu den zu Fuß zurückgelegten Kilometern muss man jene im Meer hinzuzählen, und das sind nicht wenige. Auf der Jagd nach Kalmaren, Fischen und Krill können Kaiserpinguine über 500 Meter tief tauchen, auch wenn sie gewöhnlich innerhalb von 100 Metern bleiben, mit Apnoen von rund 20 Minuten.[190] Mit zehn bis zwölf Stundenkilometern[191] schwimmen sie zu den Polynjas: offenen, eisfreien Wasserflächen zwischen Festeis und Packeis. Hin und zurück können sie pro Reise Entfernungen bis zu 1.400 Kilometer zurücklegen; dabei legen sie nur wenige Pausen ein, drei im

189 Gerald L. Kooyman *et al.*, *Night diving by some emperor penguins during the winter breeding period at Cape Washington*, in „Journal of Experimental Biology", 2018, 221, http://jeb.biologists.org/content/jexbio/221/1/jeb170795.full.pdf.

190 Gerald L. Kooyman *et al.*, *Diving Behavior of the Emperor Penguin, Aptenodytes forsteri*, in „The Auk", 1971, 88, S. 775–795; Alexandra K. Wright *et al.*, *Heart rates of emperor penguins diving at sea: implications for oxygen store management*, in „Marine Ecology Progress Series", 2014, 496, S. 85–98; G. L. Kooyman und T. G. Kooyman, *Diving behavior of emperor penguins nurturing chicks at Coulman Island, Antarctica*, in „The Condor", 1995, 97, S. 536–549.

191 Gerald L. Kooyman *et al.*, *Heart rates and swim speeds of emperor penguins diving under sea ice*, in „Journal of Experimental Biology", 1992, 165, S. 161–180.

Schnitt.[192] Erst im November, wenn die Jungen wenigstens 50 Tage alt und in der Lage sind, zu laufen und sich in kleinen Gruppen zusammenzuscharen, um sich warm zu halten, können die Eltern gemeinsam auf Nahrungssuche gehen. Und erst zwischen Dezember und Januar sind alle bereit, wieder ins Meer zu tauchen, wo sie den antarktischen Sommer verbringen. In den zweieinhalb Monaten im Meer sind die Jungen abenteuerlustiger als die erwachsenen Tiere und können bei ihren Streifzügen im Ozean über 2.800 Kilometer weit schwimmen, während die Elternvögel gewöhnlich rund 2.100 Kilometer zurücklegen.[193]

Nachdem sie sich erstmals ins Meer gestürzt haben, suchen die Jungen erst nach etwa drei Jahren wieder die Kolonie auf: sobald sie groß genug sind, um sich fortzupflanzen. Die erwachsenen Tiere dagegen machen sich schon bald wieder auf den Heimweg. Im April werden sie erneut den Weg nach Hause finden und sich in einer langen Schlange zu einer neuen Brutwanderung aufmachen.

192 Ancel, *et al.*, *Foraging behaviour of emperor penguins as a resource detector in winter and summer*, in „Nature", 1992, 360, S. 336–339.
193 Gerald L. Kooyman und Paul J. Ponganis, *The initial journey of juvenile emperor penguins*, in „Aquatic Conservation: Marine and Freshwater Ecosystems", 2007, 17, S. S37–S43.

Kapitel 10
Der Kreislauf des Lebens

Es ist Anfang Juli und an der Grenze zwischen Kenia und Tansania ist die Regenzeit vor Kurzem zu Ende gegangen. Hunderttausende Streifengnus *(Connochaetes taurinus)*, die beim Rennen eine Höchstgeschwindigkeit von bis zu 60 Stundenkilometern[194] erreichen können, haben das Südufer des Mara-Flusses erreicht: Sie bereiten sich auf die Durchquerung des Flusses vor und lösen damit ein Drama aus, das schon in vielen Dokumentarfilmen festgehalten wurde. In dicht gedrängten Reihen rennen sie alle zusammen so schnell wie möglich die abschüssigen Dämme hinab. Das Gedränge ist groß, manche setzen zum Sprung an in der Hoffnung, die Gefährten zu überholen und ein paar Meter gutzumachen. Eile ist geboten: Im trüben Wasser des Flusses, der infolge der gerade zu Ende gegangenen Regenzeit angeschwollen ist, verbergen sich große Nilkrokodile *(Crocodylus niloticus)*. Ihr Angriff erfolgt plötzlich und ist tödlich; gegen diese Reptilien können weder die harten Hufe noch die Hörner der Gnus etwas ausrichten. Außer vor den Krokodilen müssen sie sich vor den Flusspferden *(Hippopotamus amphibius)* hüten, die es nicht gern sehen, wenn sich all diese Gnus auf einmal in ihren Gewässern tummeln. Ganz abgesehen davon, dass die Gnus bei dem Gedränge und der Strömung Gefahr laufen, zu ertrinken und fortgerissen zu werden. So sterben jedes Jahr durchschnittlich

---

194 Laut einigen Autoren sollen die Gnus sogar bis zu 80 Stundenkilometer schnell laufen können, doch bei der Migration lassen sich solche Geschwindigkeiten nicht durchhalten. Per Christiansen, *Locomotion in terrestrial mammals: the influence of body mass, limb length and bone proportions on speed*, in „Zoological Journal of the Linnean Society", 2002, 136, S. 686–714.

6.000 Gnus beim Versuch, das gegenüberliegende Ufer zu erreichen.[195] Ihr Tod ist jedoch nicht vergebens, sondern führt im Gegenteil zu einem enormen Anstieg an Biomasse: In wenigen Wochen gelangen über 1.100 Tonnen Nahrung in den Fluss. In den Genuss dieses makabren Festmahls kommt das gesamte Flusssystem des Mara, einschließlich des Victoriasees, in den der Wasserlauf mündet.

Von den Kadavern der Huftiere ernähren sich Krokodile, denen es nicht gelungen ist, sich direkt eine frische Mahlzeit zu schnappen, verschiedene Fischarten wie der Nilwels *(Bagrus docmak)* und einige Karpfenfische *(Barbus sp.* und *Labeo sp.)*, aber auch viele aasfressende Tiere wie Tüpfelhyänen *(Crocuta crocuta)*, Streifenhyänen *(Hyaena hyaena)*, Streifenschakale *(Canis adustus)* und Schabrackenschakale *(Canis mesomelas)*. Vom verwesenden Fleisch sowie von Sehnen und Knochen profitieren auch viele Geierarten, vom Sperbergeier *(Gyps rueppelli)* zum Ohrengeier *(Torgos tracheliotus)*, über den Kappengeier *(Necrosyrtes monachus)* bis zum afrikanischen Weißrückengeier *(Gyps africanus)*. Auf den aufgedunsenen Bäuchen ertrunkener Gnus kann man manchmal auch Marabus *(Leptoptilos crumenifer)* ausmachen, Aasfresser aus der Familie der Störche.

Während die weichen Gewebeteile zwischen zwei und zehn Wochen brauchen, kann es bei den Knochen sieben Jahre dauern, bis sie verschwunden sind. Die Knochen, die von den großen Aasfressern nicht verwertet werden, werden zu Futter für die kleineren Fische, aber auch für Insekten und Krebstiere, und fördern als natürlicher Dünger vor allem den Phosphor- und Stickstoffkreislauf des Ökosystems. Kurzum, für die Bewohner des Mara-Flusses ist das Massaker an den Gnus ein Geschenk des Himmels.

---

195 Amanda L. Subalusky *et al.*, *Annual mass drownings of the Serengeti wildebeest migration influence nutrient cycling and storage in the Mara River*, in „Proceedings of the national Academy of Sciences", 2017, 114, S. 7647–7652; Elizabeth Pennisi, *Drowned wildebeest provide ecological feast*, in „Science", 2017, 356, S. 1217–1218.

Doch woher kommen die Gnus, die den Mara durchqueren? Und wohin ziehen sie? Vor allem aber, warum sind sie unterwegs?

Zwischen Anfang Juni und Ende Juli überwinden ungefähr 1,3 Millionen Streifengnus die Fluten des Mara-Flusses. Sie kommen alle aus dem Süden, und zwar aus dem Süden des Serengeti-Nationalparks in Tansania, und ziehen nach Norden: nach Kenia, in das Naturschutzgebiet Masai Mara. Ohne sich um die Grenzen der Menschen zu kümmern, verbringen die Gnus ihr ganzes Leben in diesen beiden berühmten afrikanischen Schutzgebieten und unternehmen dabei regelmäßig die sogenannte „große Gnuwanderung". Über eine Entfernung von ungefähr 300 Kilometern Luftlinie ziehen sie von einem Staat in den anderen – jedoch auf einer kreisförmigen Route, auf der sie ungefähr 1.500 Kilometer im Jahr zurücklegen und die sie zwingt, Flüsse und Ebenen zu durchqueren.

Die Streifengnus sind stark an die Wasserläufe gebunden: Sie müssen mindestens einmal am Tag trinken, und die über eine Million Tiere, die in der Serengeti leben, verzehren täglich 4.500 Tonnen Gras.[196] Deshalb wandern sie auf der Suche nach Trinkwasser und grünen Weiden, deren Gras nicht zu hoch – bis zu zehn Zentimeter – und nicht zu grün sein soll.[197] Diese Bedingungen scheinen sie auf ihren großräumigen Wanderungen zu bevorzugen, wahrscheinlich um ihre Energiebilanz zu maximieren. Und sie wandern auf der Suche nach einem ruhigen Platz, an dem sie sich fortpflanzen können.

Die Gnus verbringen die Regenzeit (die ersten Monate des Jahres) im Süden der Serengeti und die Trockenzeit (das Ende unseres Sommers, Anfang Herbst) im Norden, im Grasland des Naturschutzgebiets Masai Mara, das reich an Wasser ist. In den Übergangszeiten sind sie hingegen auf Wanderschaft, in einem ruhelosen Marsch

---

196 Colin J. Torney *et al.*, *From single steps to mass migration: the problem of scale in the movement ecology of the Serengeti wildebeest*, in „Philosophical Transactions of the Royal Society B: Biological Science", 2018, 373, https://doi.org/10.1098/rstb.2017.0012.

197 John F Wilmshurst *et al.*, *Spatial distribution of Serengeti wildebeest in relation to resources*, in „Canadian Journal of Zoology", 1999, 77, S. 1223–1232.

auf der Flucht vor Raubtieren, und halten nur von Zeit zu Zeit an, um sich zu stärken; dabei halten sie abwechselnd Wache. Ihre Wanderung ist angesichts der Gegenden, durch die sie verläuft, eine der faszinierendsten. Nachdem sie am Ende der Regenzeit, zwischen Juni und Juli, den Mara-Fluss durchquert haben, bleiben sie in den Monaten August bis Oktober auf den feuchten Weidegründen der Masai Mara, bis sie wieder nach Süden in die Serengeti aufbrechen.

Erneut überschreiten sie dabei die Grenze zwischen Kenia und Tansania und kommen an einer Wiege der Menschheit vorbei: der Ausgrabungsstätte in der Olduvai-Schlucht, in der man die Überreste vieler Hominiden gefunden hat, wie etwa des Australopithecus *Paranthropus boisei*, des *Homo erectus* und *Homo ergaster*, aber auch Artefakte des frühen *Homo sapiens*. Nach zwei oder drei Monaten Wanderschaft treffen die Gnus im Januar im Serengeti-Nationalpark ein, zwischen der Grenze zum Naturschutzgebiet Ngorongoro und dem Eyasisee, wenige Kilometer entfernt von einer der berühmtesten Spuren unserer Vorfahren: der Fundstelle von Laetoli mit den Fußabdrücken einiger *Australopithecus afarensis*, die sie vor 3,65 Millionen Jahren im Schlamm hinterlassen haben.

Die Gnus kommen dort genau zu der Zeit vorbei, in welcher der Eyasisee am Fuße des Großen Afrikanischen Grabenbruchs dank der ergiebigen Regenfälle einen Wasserstand von knapp einem Meter erreicht, und bleiben bis März dort. Hier stehen ihnen reichlich Wasser und Futter zur Verfügung, und ab Mitte Januar bringen in einer erstaunlichen Synchronität alle Gnuweibchen zugleich ihre Jungen zur Welt. Innerhalb von nur drei bis vier Wochen werden an die 500.000 kleine Gnus geboren, die meisten in der ersten Februarwoche. Diese Synchronität ist im Übrigen nichts Ungewöhnliches, sie kommt auch bei anderen großen Huftieren wie den Karibus *(Rangifer tarandus)* und den Elchen *(Alces alces)* vor. Wohl deshalb, weil die Menge an vielen „leichten Beuten" die Wahrscheinlichkeit verringert, dass ausgerechnet das eigene Junge von einem Raubtier angegriffen wird. Trotzdem haben es die Gnukälber am Anfang nicht leicht: Auch wenn sie schon 45 Minuten nach der Geburt stehen und laufen können – Räuber wie Hyänen, Löwen, Geparden und Leoparden liegen stets auf der Lauer. Die ersten vier Lebensmonate sind die schwierigsten, und schon bald wird es Zeit, wieder aufzubrechen. Im April machen sich die Gnus wieder auf den Weg nach Norden. Zuerst ziehen sie nach Nordwesten, durchqueren den Grumeti-Fluss, der in der Trockenzeit kaum mehr als ein kleiner Bach ist, ziehen weiter nach Norden und überwinden dann im Juni erneut den Mara, worauf der Zyklus von Neuem beginnt. Bevor sie ein Jahr alt sind, durchleben die jungen Gnus jedenfalls keine besonders rosigen Zeiten, auch weil eine der Haupttodesursachen bei dieser Art inzwischen der Hunger ist.[198] Die geringe Verfügbarkeit von Futter, also von Gras, ist seit einigen Jahren das Haupthemmnis für das Wachstum der Serengeti-Population der Gnus: 75 Prozent sterben mittlerweile an Unterernährung und nur der Rest an Krankheiten, durch Raubtiere oder Unfälle.

Zum Glück ist der Druck durch den Menschen begrenzt: 90 Prozent der Gnuwanderungen erfolgen in gut geschützten Gebieten. Allerdings durchqueren die Gnus dabei ein sehr weitläufiges Territorium von 25.000 Quadratkilometern und an zwei Stellen, der Ikoma Open Area und den Mara Group Ranches, ist ihr Schutz eingeschränkt: Dort sind sie durch Wilderei bedroht, aber auch durch Landwirtschaft und Viehzucht,[199] die ihnen Land wegnehmen und eine ähnlich kritische Situation heraufbeschwören könnten, wie sie gegen Ende des 19. Jahrhunderts eintrat. Was geschah damals? In jener Zeit wurde die Population der Serengeti durch eine Krankheit dezimiert: Die Rinderpest raffte 90 Prozent dieser Huftiere im Nationalpark Tansanias hinweg und als 1961

---

198 Simon A. R. Mduma *et al.*, *Food regulates the Serengeti wildebeest: a 40-year record*, in „Journal of Animal Ecology", 2001, 68, https://doi.org/10.1046/j.1365-2656.1999. 00352.x.

199 Simon Thirgood *et al.*, *Can parks protect migratory ungulates? The case of the Serengeti wildebeest*, in „Animal Conservation",2004, 7, S. 113–120.

die erste offizielle Zählung durchgeführt wurde, gab es nur noch 250.000 Streifengnus. 1963 startete der East African Veterinary Service eine Impfkampagne und verabreichte den Rindern rund um die Serengeti einen Impfstoff gegen die Rinderpest. Dank des Impfens konnten sich die Wildtiere nicht mehr bei den Rindern anstecken. Von da an wuchs die Gnupopulation jährlich um zehn Prozent und erreichte 1977 einen Stand von knapp 1,5 Millionen Tieren.[200] Die große Wanderung der Gnus wiederholt sich Jahr für Jahr auf einer leicht veränderten Route. Sie richtet sich nach dem Verlauf der Regenzeit, dem Jahreszeitenwechsel und der Zeit, die das Gras braucht, um wieder zu sprießen. Das verdaute Gras kehrt als Mist wieder in den Boden zurück, ein Naturdünger, eingemischt durch das Getrampel jener vier Millionen Hufe, die zwischen Tansania und Kenia wandern. Während die Gnus, die den langen Marsch nicht überleben, wieder zu Biomasse werden und das ganze Ökosystem nähren. Nicht von ungefähr verkörpert die „große Gnuwanderung" perfekt den Kreislauf des Lebens und sein empfindliches Gleichgewicht.

Eine derartige synchronisierte Wanderung von mehr als einer Million Exemplaren wirft die Frage auf, ob und wie diese Reise koordiniert wird. Die Massenmigration könnte einfach eine Reaktion auf Umweltfaktoren wie Bodenfruchtbarkeit und zyklische Verfügbarkeit von Gras sein. Nicht zu übersehen sind allerdings die Spuren und Pfade, die mittlerweile durch den Durchzug so vieler Hufe gegraben und markiert wurden. Einer angelegten, hindernisfreien Straße zu folgen, ist sicher eine vorteilhafte energetische Entscheidung, kann aber auch als Ausdruck einer Art von kollektivem Gedächtnis interpretiert werden.[201] Merken sich die Gnus die Routen, wissen sie, welche Richtung sie einschlagen müssen und nut-

200 Richard Estes, *The Gnu's world: Serengeti wildebeest ecology and life history*, University of California Press, Berkeley, CA, 2014.

201 Andrew M. Berdahl *et al.*, *Collective animal navigation and migratory culture: from theoretical models to empirical evidence*, in „Philosophical Transactions of the Royal Society B: Biological Science", 2018, 373, https://doi.org/10.1098/rstb.2017.0009.

zen sie dabei Landmarken? Oder sind ihre Routen sogar in die Gene eingeschrieben wie bei den Vögeln? Wir wissen nicht mit Gewissheit, ob diese Ursachen völlig auszuschließen sind, können aber festhalten, dass ihre Spuren und jene langen Kolonnen von Herden mit bis zu 400.000 Exemplaren eine Form von Stigmergie darstellen,[202] wie man sie gewöhnlich bei sozialen Insekten antrifft. So wie die Ameisen eine Pheromonspur hinterlassen, um ihren Artgenossen mitzuteilen, welchem Weg sie folgen müssen, um an eine Nahrungsquelle zu gelangen, könnten es auch die Gnus machen. Wie andere Huftiere haben nämlich sowohl die Männchen als auch die Weibchen dieser Spezies Duftdrüsen an den Vorderhufen, die eine Art klares, „duftendes" Öl absondern. Normalerweise werden diese Duftdrüsen von den Männchen verwendet, um ihr Territorium zu markieren, bei den Wanderungen aber stellt dieser Duft eine wichtige Geruchsspur dar, der sie folgen, vor allem wenn sie zu weit voneinander entfernt sind, um Sichtkontakt zu halten. Man nimmt also an, dass das ständige Begehen derselben Pfade durch viele Individuen die Navigation in der Serengeti-Ebene erleichtert, auch dank der Geruchsmarken.

Auf jeden Fall hängt ihre Migration eng mit der Suche nach Futter und Wasser zusammen, und genau deshalb richten sich die Routen und Zeitabläufe ihrer Wanderungen nach dem Pflanzenwachstum und den Regenfällen. Die Streifengnus sind nämlich in der Lage, die Ab- oder Zunahme der Ressourcen in einem Umkreis von 90–100 Kilometern zu überwachen. Es ist also die Notwendigkeit, Futter zu finden, die die Wanderung steuert und den Populationszuwachs regelt: Nicht von ungefähr ist der Hungertod die Haupttodesursache bei den Gnus.[203] Die Ebenen südlich der

---

202 Colin J. Torney *et al.*, *From single steps to mass migration: the problem of scale in the movement ecology of the Serengeti wildebeest*, in „Philosophical Transactions of the Royal Society B: Biological Science", 2018, 373, https://doi.org/10.1098/rstb.2017.0012.

203 Ricardo M. Holdo *et al.*, *Opposing Rainfall and Plant Nutritional Gradients Best Explain the Wildebeest Migration in the Serengeti*, in „The American Naturalist", 2009, 173, S. 431–445; Randall B. Boone *et al.*, *Serengeti Wildebeest migratory patterns modeled from rainfall and new vegetation growth*, in „Ecology", 2006, 87, S. 1987–1994.

Serengeti sind nur in der Regenzeit grün und reich an Gras mit hohem Proteingehalt, nicht während des ganzen Jahres. Die Savannen nördlich der Serengeti und in der Masai Mara dienen dagegen als Zuflucht für die Trockenzeit und bieten den Gnus die Möglichkeit, sich zu stärken, wenn auch auf minderwertigen Weiden. Deshalb sind die Streifengnus gezwungen, zwischen diesen beiden Territorien zu pendeln, wobei ihre Wanderung durch den Bau neuer Straßen und Barrieren immer stärker gefährdet ist.[204]

Auf ihrem langen Marsch sind die Gnus aber nicht allein. Mit ihnen ziehen ungefähr 210.000 Böhm-Zebras *(Equus quagga boehmi)*, die kleinste Unterart des Steppenzebras, und 165.000 Thomson-Gazellen *(Eudorcas thomsonii)*. Alle sind auf der Suche nach nahrhaften Gräsern, doch warum wandern sie gemeinsam? Sicher, der Vorteil, besser vor Angriffen der Raubtiere geschützt zu sein, liegt auf der Hand. Doch wäre es nicht sinnvoller für die Gnus und andere Arten, die einmal gefundene Weide zu verteidigen und nur für sich zu behalten? Nein, in diesem Fall nicht, weil keine dieser Arten dieselben Ressourcen nutzt, vor allem nicht zum gleichen Zeitpunkt.

Während der Trockenzeit ernähren sich die Gnus und Zebras in der Savannenlandschaft der Masai Mara, die sie nach so vielen Schwierigkeiten erreicht haben, vorwiegend von Gras. Doch während die Gnus kurzes Gras bevorzugen, fressen die Zebras das höhere Gras: Mit ihren starken Schneidezähnen können sie die Stängel abschneiden und verdauen die Zellulose auch besser als ihre wiederkäuenden Nachbarn, die dann den Rest „verputzen". Auf diese Weise betätigen sich die Zebras als tüchtige „Mäher", die das Mahl für die Gnus bereiten, und die beiden Arten treten nicht in Wettstreit um Futter. Die Nahrung der Thomson-Gazellen dagegen besteht während der Trockenzeit bis zu 40 Prozent aus Blättern und Beeren verschiedener Sträucher und aus Klee. In der Regen-

---

204 Ricardo M. Holdo *et al., Predicted Impact of Barriers to Migration on the Serengeti Wildebeest Population,* in „Plos One", 2011, https://doi.org/10.1371/journal. pone.0016370.

zeit, wenn es genug Gras für alle gibt, steigt der Gras-Anteil in ihrer Nahrung.[205]

Bei den Thomson-Gazellen wie auch bei anderen kleinen Pflanzenfressern sind es die Raubtiere, die das Wachstum der Population regeln: Es gibt keine „Bottom-up"-Regulierung wie bei den Gnus, sondern eine „Top-down"-Regulierung, also von der Spitze der Nahrungskette nach unten.[206] Ihre Hauptfeinde sind die Geparden *(Acinonyx jubatus)*, die bis zu 100 Stundenkilometer schnell laufen können. Doch die Thomson-Gazellen stehen ihnen kaum nach: Sie laufen zwischen 80 und 90 Stundenkilometer schnell und können rascher den Kurs wechseln und in einer Art Zickzack flüchten. Dabei führen sie eine Laufbewegung aus, die man Prellspringen nennt: Sie vollführen während des Laufes Sprünge, bei denen sie sich mit allen vier Läufen gleichzeitig in die Luft katapultieren. Nach den gängigen Theorien ist dieses Verhalten ein deutliches Signal an den Verfolger: „Ich springe, weil ich mich wohlfühle, ich bin fit und es wird dir nicht gelingen, mich zu fangen".[207]

Das Böhm-Zebra ist nicht das einzige Zebra, das wandert. Es wandern auch die in Botswana, 2.000 Kilometer weiter südlich beheimateten Burchell-Zebras *(Equus quagga burchellii)*. Im Vergleich zu den Böhm-Zebras, die an ihren breiten schwarzen Streifen erkennbar sind, die am Hinterteil und an den Läufen (wo sie schmaler und dichter werden) in die Horizontale übergehen, haben die Burchell-Zebras nur spärlich gestreifte Läufe, außerdem sind zwischen den schwarzen Streifen auf ihrem Fell andere, schma-

205 M. D. Gwynne und R. H. V. Bell, *Selection of Vegetation Components by Grazing Ungulates in the Serengeti National Park*, in „Nature", 1968, 220, S. 390–393; Richard H. V. Bell, *A Grazing Ecosystem in the Serengeti*, in „Scientific American", 1971, 225, S. 86–93.

206 J. Grant C. Hopcraft *et al.*, *Body size and the division of niche space: food and predation differentially shape the distribution of Serengeti grazers*, in „Journal of Animal Ecology", 2012, 81, S. 201–213.

207 C. D. FitzGibbon und J. H. Fanshawe, *Stotting in Thomson's gazelles: an honest signal of condition*, in „Behavioral Ecology and Sociobiology" 1988, 23, S. 69–74.

lere und bräunliche eingelagert: eine typische und vor allem am Hinterteil und an den Schenkeln auffällige Färbung. Es gibt nämlich nicht einfach nur „das Steppenzebra", sondern mindestens fünf Unterarten, jede mit etwas anderen Streifen auf dem Fell. Mit der Funktion dieser typischen Färbung haben sich schon zahllose Untersuchungen befasst; bis zu achtzehn verschiedene Erklärungen wurden angeboten. Laut den einen soll das Streifenmuster der Tarnung dienen, für andere stellt es einen „Identitätsausweis" dar, um sich gegenseitig zu erkennen, nach wiederum anderen dient es der Wärmeregulierung und stünde mit der Temperatur in Zusammenhang: Die mit den dickeren Streifen leben in wärmeren Ländern.[208] Vor Kurzem wurden diese Theorien durch die Arbeit eines schwedischen Forscherteams widerlegt,[209] in der aufgezeigt wird, dass die weißen und schwarzen Streifen die Funktion eines natürlichen Schädlingsabwehrmittels gegen die Stiche der Tsetsefliege *(Glossina sp.)* und die Bisse der Bremsen haben.[210] Diese Insekten werden durch die optische Wirkung von so nahe beieinanderliegenden hellen und dunklen Bändern irritiert und suchen die Zebras deshalb weniger heim.[211]

Burchell-Zebras in Botswana unternehmen die weiteste Wanderung aller afrikanischen Säugetiere: Sie wandern dabei hin und zurück über 500 Kilometer Luftlinie zwischen Botswana und Namibia.[212] Tausende Burchell-Zebras verbringen die Trockenzeit in der Schwemmlandebene der Salambala Conservancy in Namibia, wo sie eine ständige Wasserquelle zur Verfügung haben: den Fluss

---

208 Brenda Larison *et al.*, *How the zebra got its stripes: a problem with too many solutions*, in „Royal Society Open Science", 2014, 2, https://doi.org/10.1098/rsos.140452.

209 Gábor Horváth *et al.*, *Experimental evidence that stripes do not cool zebras*, in „Scientific Reports", 2018, 8, https://doi.org/10.1038/s41598-018-27637-1.

210 Tim Caro *et al.*, *The function of zebra stripes*, in „Nature Communication", 2014, 5, https://doi.org/10.1038/ncomms4535.

211 Ádám Egri *et al.*, *Polarotactic tabanids find striped patterns with brightness and/or polarization modulation least attractive: an advantage of zebra stripes*, in „Journal of Experimental Biology", 2012, 215, S. 736–745.

212 Robin Naidoo *et al.*, *A newly discovered wildlife migration in Namibia and Botswana is the longest in Africa*, in „Oryx", 2016, 50, S. 138–146.

Chobe (auch als Cuando bekannt). Im Dezember ziehen sie dann nach Süden, durchqueren den Fluss und erreichen die Nxai-Pan-Salzpfanne in Botswana, im gleichnamigen Nationalpark. Während der Regenzeit zwischen Dezember und April überzieht sich die riesige Salzpfanne mit Vegetation und die Burchell-Zebras halten sich gute zehn Wochen dort auf, bevor sie wieder nach Norden in die Uferbereiche des Flusses Chobe zurückwandern. Trotz der weiten Entfernung suchen die Zebras Jahr für Jahr immer wieder die Salzpfanne auf, obwohl es andere geeignete und vor allem näher gelegene Ziele gäbe, um die Regenzeit zu verbringen. Warum also den längeren Weg in Kauf nehmen? Laut Robin Naidoo, Dozent an der University of British Columbia und Forscher des Conservation Science Program des WWF, der die Wanderung der Burchell-Zebras zwischen Namibia und Botswana entdeckte, könnte diese Tradition kulturell vermittelte und auch genetische Grundlagen haben. Praktisch würden die Informationen nicht nur von einem Zebra an das andere weitergegeben, von Generation zu Generation, sondern wären auch in ihren Genen kodiert, eine Art angeborene Kenntnis der Strecke wie bei einigen Vögeln. Doch diese Hypothese wurde noch nicht bestätigt.

Indessen beweist zumindest eine andere Zebrapopulation, die in der Kalahari-Wüste Botswanas lebt, dass die Wanderrouten der Zebras nicht ausschließlich durch kulturelle Traditionen bestimmt werden. Diese Burchell-Zebras ziehen zu Beginn der Regenzeit vom Okavangodelta, nicht weit im Nordwesten der Nxai Pan, nach Südwesten in die Trockensavannen von Makgadikgadi, wo sie bis April bleiben, wenn die Trockenzeit sie zur Rückkehr ins Okavangodelta zwingt. Dabei bewältigen sie hin und zurück ungefähr 588 Kilometer. Entscheidend bei diesem langen Marsch ist das Timing: Bis zum Beginn der Regenzeit ist die Makgadikgadi-Ebene ein unwirtlicher Ort im Herzen der Kalahari-Wüste. Deshalb braucht es eine sehr genaue innere Uhr, die die exakte Startzeit festlegt, damit sie nicht zu früh eintreffen und vor Entbehrung sterben.

Dabei kann schon ein Tag Verspätung bei den Regenfällen katastrophale Auswirkungen haben. Deshalb müssen die Zebras ihre Wanderungen und deren Etappen tatsächlich jedes Mal anpassen. Zwischen 1968 und 2004 war die Wanderroute der Zebras durch einen langen Weidezaun unterbrochen. Kaum war die Einzäunung entfernt, nahmen die Zebras ihre gewohnte Wanderung zwischen dem Okavangodelta und den Salzpfannen von Makgadikgadi wieder auf. Obwohl sie diese Pfade 36 Jahre lang nicht begangen hatten, gelang es ihnen innerhalb von vier Jahren, die historische Marschroute wiederzufinden. Zebras leben im Schnitt nicht länger als ein Dutzend Jahre, keines von ihnen konnte also den Verlauf auswendig wissen und die Gruppe führen. Deshalb ist es praktisch unmöglich, dass die Strecke durch die Kalahari überliefert wurde.[213] Bei den Wanderungen dieser gestreiften Equiden bleiben also noch ein paar Geheimnisse zu lüften.

Auch die Afrikanischen Waldelefanten *(Loxodonta cyclotis)* und die Afrikanischen Steppen- oder Buschelefanten *(Loxodonta africana)* sind Meister beim Finden von Wasser, was in derart trockenen Gegenden unerlässlich ist. Die ungefähr 5.000 Kilo schweren Dickhäuter trinken rund 150 Liter Wasser am Tag. Die Aufgabe, die Routen zu wählen und die Herde zu den vorhandenen Wasserquellen zu führen, übernehmen die ältesten Weibchen, die sogenannten Matriarchinnen: Sie halten die Gruppe zusammen, die geschlossen marschiert, mit den Kälbern in der Mitte, um sie vor Raubtieren und der Sonne zu schützen. Elefanten verlassen sich auf einen außergewöhnlichen Geruchssinn, eine lebhafte Erinnerung und auf den Infraschall, um mit anderen Herden zu kommunizieren.

Obwohl sie in Dokumentarfilmen oft als große Wanderer dargestellt werden, sind diese Dickhäuter das nicht unbedingt: Nicht

---

213 Hattie L. A. Bartlam-Brooks *et al.*, *Will reconnecting ecosystems allow long-distance mammal migrations to resume? A case study of a zebra Equus burchelli migration in Botswana*, in „Oryx", 2011, 45, S. 210–216; Hattie L. A. Bartlam-Brooks *et al.*, *In search of greener pastures: Using satellite images to predict the effects of environmental change on zebra migration*, in „Journal of Geophysical Research: Biogeosciences", 2013, 118, S. 1427–1437.

alle Afrikanischen Elefanten wandern und die, die es tun, wandern nicht jedes Jahr. Das hat Andrew Purdon von der Universität Pretoria herausgefunden, indem er 139 Elefanten mehr als 15 Jahre lang beobachtete. Nur 25 von ihnen wanderten zwischen Trocken- und Regenzeit zwischen getrennten, sich nicht überlagernden Gebieten. Und von diesen 25 wanderten in den 15 Jahren der Überwachung nur sechs mehr als einmal. Somit kann man die Afrikanischen Elefanten als Teil- und Gelegenheitszieher bezeichnen.[214] Normalerweise verbringen sie die Trockenzeit in begrenzten Gebieten, in unmittelbarer Nähe ständiger Wasserquellen, während sie in der Regenzeit ihr Areal ausweiten und auf der Suche nach grüneren und ergiebigeren Weiden mit weniger Elefanten Wanderungen unternehmen können. Sie sind gute Langstreckenläufer, die auch 100–200 Kilometer zurücklegen können, aber sie sind auch bequem: So weit wandern sie nur, wenn es unbedingt notwendig ist. Ansonsten weiß die Matriarchin auf jeden Fall, wo sie trinken und sich mit einem erfrischenden Bad in der Nähe entspannen können, wobei sie Jahr für Jahr die gleichen Wege und Korridore benutzen.[215]

---

214 Andrew Purdon et al., *Partial migration in savanna elephant populations distributed across southern Africa*, in „Scientific Reports", 2018, 8, https://doi.org/10.1038/s41598-018-29724-9; Arnold Tshipa et al., *Partial migration links local surface-water management to large-scale elephant conservation in the world's largest transfrontier conservation area*, in „Biological Conservation", 2017, 215, S. 46–50.
215 Dominik Schüßler et al., *Analyzing land use change to identify migration corridors of African elephants (Loxodonta africana) in the Kenyan-Tanzanian borderlands*, in „Landscape Ecology", 2018, 33, S. 2121–2136; Gil Bohrer et al., *Elephant movement closely tracks precipitation-driven vegetation dynamics in a Kenyan forest-savanna landscape*, in „Movement Ecology", 2014, 2, https://doi.org/10.1186/2051-3933-2-2.

Kapitel 11
Die grüne Welle

An den Grenzen der Landmassen, wo die Kontinente der Nordhalbkugel in den Arktischen Ozean hineinragen, ist das Leben nicht einfach. Das Klima verschont niemanden und das Thermometer wagt sich nur für ein paar Monate über den Gefrierpunkt hinaus: in jener äußerst kurzen Jahreszeit, die man auch dort Sommer nennt.

Und doch gibt es Tiere, Pflanzen und indigene Völker, die diese endlose, unwirtliche Landzunge zu ihrem Zuhause erkoren haben. Und die Lösung für das Leben dort kann nur heißen: auf Wanderschaft dem Zyklus der Jahreszeiten zu folgen.

Eine der engsten und ältesten Beziehungen von Tier und Mensch ist jene zwischen den Rentieren und einigen Nomadenvölkern, die diese Wiederkäuer seit Jahrhunderten züchten, um Fleisch, Häute, aber auch Milch zu gewinnen und sie für Transportzwecke zu nutzen. Die bekanntesten sind vielleicht die Samen Lapplands oder die Nenzen im sibirischen Russland. Auf der anderen Seite des Ozeans, im Grenzgebiet zwischen Alaska und Kanada, gibt es noch die Gwich'in, die einen Pakt mit den Karibus geschlossen haben, den Rentieren, die in Nordamerika leben.

Rentiere und Karibus gehören zur selben Art *(Rangifer tarandus)*, die sich ihrerseits aus rund 15 Unterarten zusammensetzt; sie bewohnen verschiedene Territorien und weisen kleine morphologische Unterschiede auf. Genanalysen haben indes die Karten neu gemischt und einige dieser Untergruppen zusammengelegt oder getrennt. Fest steht, dass das Grenzgebiet zwischen Alaska und Kanada, konkret das Yukon-Territorium, von den Karibus des

Porcupine-Flusses bewohnt wird, die nach Ansicht mancher Forscher zur Unterart *Rangifer tarandus granti* gehören, während andere sie zur kanadischen Unterart *R. t. groenlandicus*[216] zählen. Wie man sie nennt, ist für diese Geschichte nicht von Belang, was zählt ist, dass sie die Landsäugetiere sind, die die längste Wanderung unternehmen: bis zu 5.000 Kilometer in einem Jahr auf jahrhundertealten Routen.[217] Die Karibus durchstreifen weite Gebiete der kalten und futterarmen arktischen Tundra, durchqueren zweimal im Jahr Flüsse, Täler und Erhebungen und werden von Raubtieren wie dem Mackenzie-Wolf *(Canis lupus occidentalis)* und dem Grizzlybären *(Ursus arctos horribilis)* angegriffen. Die Reise ist notwendig, um die neue Generation zur Welt zu bringen und dabei so weit wie möglich die „warme" Jahreszeit und den Überfluss an Pflanzen, Moosen und Flechten – die bevorzugte Nahrung der Karibus – in den wasserreichen Schwemmlandebenen an den Küsten zu nutzen. Ihre Wanderung ist ein Schauspiel ohnegleichen: Aus der Luft sehen sie aus wie viele kleine Ameisen, die sich von der Tundra abheben, obwohl an dieser Migration über 210.000 Individuen[218] mit einem Gewicht von jeweils 100–150 Kilo teilnehmen.

Anfang März beginnen die Porcupine-Karibus ihre Wanderung nach Norden: Sie steuern auf North Slope zu, jene Küstenebene zwischen Alaska und Yukon, die an der Beaufortsee liegt. Als Erste starten die trächtigen Weibchen mit einigen im Vorjahr geborenen Jungen, danach folgen die ausgewachsenen Männchen und die anderen Jungen, die schneller vorankommen und auch mal 50 Kilometer am Tag zurücklegen können. Die Weibchen sind langsamer, deshalb machen sie sich früher auf den Weg: Sie legen zwischen

216 Matthew A. Cronin *et al.*, *Variation in mitochondrial Dna and microsatelite Dna in caribou (Rangifer tarandus) in North America*, in „Journal of mammalogy", 2005, 86, S. 495–505.
217 S. G. Fancy *et al.*, *Seasonal movements of caribou in arctic Alaska as determined by satellite*, in „Canadian Journal of Zoology", 1989, 67, S. 644–650.
218 Daten der letzten Zählung (Juli 2017), mitgeteilt vom Alaska Department of Fish and Game.

sieben und 24 Kilometer am Tag zurück[219] und sind in dieser Phase Angriffen der nach dem langen Winter hungrigen Raubtiere ausgesetzt. Der einzige Schutz ist, sich im Rudel fortzubewegen und denselben, bereits bekannten Pfaden zu folgen wie im Vorjahr. So wandern die Karibus des Porcupine-Flusses auf drei Routen: Die einen starten von den Richardson Mountains im Yukon und ziehen zu den British Mountains gleich hinter der Grenze zu Alaska; die anderen hingegen beginnen die Reise an den Ogilvie Mountains und nehmen ebenfalls Kurs auf Nordwesten, wobei sie den Porcupine-Fluss auf der Höhe des Städtchens Old Crow durchqueren; wieder andere schließlich durchqueren das ganze Arctic National Wildlife Refuge, ein fast 80.000 Quadratkilometer großes Naturschutzgebiet.

Im Mai, wenn die Karibus eintreffen, ist North Slope bereits schneefrei. Die weiße Decke, die es einhüllte, hat sich zurückgezogen und eine weite Fläche mit Moos und Flechten freigegeben, die durchsetzt ist mit Preiselbeeren *(Vaccinium vitis-idaea)*, Zwergbirken *(Betula nana)* und Scheiden-Wollgras *(Eriophorum vaginatum)* mit seinem charakteristischen weißen Wollschopf.

Wie aus dem Nichts erscheinen die Karibus in North Slope, um ihre Jungen zur Welt zu bringen.

Die Geburten erfolgen zwischen Ende Mai und Anfang Juni, und wie bei den Gnus ist dieser Vorgang auch bei ihnen in hohem Maße synchronisiert, wahrscheinlich um die Sterblichkeit der Neugeborenen durch Angriffe von Raubtieren, die den Herden gefolgt sind, zu verringern. Die Jungen stehen schon wenige Stunden nach der Geburt auf den Beinen und folgen der Mutter, denn bald ist es Zeit, zur schwierigeren Wanderung aufzubrechen, der Herbstwanderung. Erst einmal aber muss man so weit kommen: Ein Viertel der Jungen stirbt im ersten Lebensmonat durch Raubtiere oder vor Hunger.[220] Größere Überlebenschancen haben Jungtiere von

---

219 S. G. Fancy *et al.*, *Seasonal movements of caribou in arctic Alaska as determined by satellite*, in „Canadian Journal of Zoology", 1989, 67, S. 644–650.
220 D. E. Russell und P. McNeil, *Summer ecology of the Porcupine caribou herd*, report veröffentlicht von „the Porcupine Caribou Management Board", 2005, zweite Auflage.

stärkeren und fitteren Muttertieren, die das Ende der Tragezeit mit mehr Fett und einem Körpergewicht von ungefähr 80 Kilo erreicht haben.[221] Während der ersten drei Lebenswochen hängen die Jungen nämlich vollständig von der Muttermilch ab und ihre Wachstumsrate ist direkt proportional zur Menge und Qualität der erhaltenen Milch, die ihnen eine tägliche Gewichtszunahme zwischen 370 und 430 Gramm ermöglicht.

In North Slope können allerdings auch die erwachsenen Tiere nicht sicher sein, genug Futter zur Verfügung zu haben. Zwischen Juni und Juli sind die Karibuweibchen mitten in der Säugeperiode und versammeln sich zur Verteidigung gegen die Raubtiere in Herden von Hunderten Individuen. Aber auch die Parasiten fallen über sie her. In den wärmeren Monaten schwärmen nämlich viele Insekten, wie verschiedene Mückenarten oder die Dasselfliegen *Hypoderma tarandi* und *Cephenemyia trompe*. Mit ihrer gelborangen und schwarzen Färbung sehen sie auf den ersten Blick wie Bienen aus, es sind aber Schmarotzerfliegen. Die Larven der ersten Art entwickeln sich unter dem Fell der Karibus, während die zweite, die sogenannte Rentiernasen-Botfly, ihre Atemwege befällt. Zwischen Juli und August sieht man die Karibus deshalb nicht selten scheinbar grundlos herumrennen oder heftig den Kopf schütteln: Sie versuchen, die Angriffe der Fliegen abzuwehren, verbrauchen dabei aber auch einen Teil der Energie, die sie gespeichert haben, um die Herbstmigration in Angriff zu nehmen.

In den Monaten Juli und August wandern die Karibus ständig in kleinen Rudeln, um den lästigen Insekten auszuweichen und genügend Fett anzusammeln, damit sie die Reise, die kurze Paarungszeit und den langen Winter überstehen. Deshalb besteht die Sommernahrung der Karibus neben Flechten auch aus den Blättern verschiedener Sträucher, Samen, Beeren, Sprossen und sogar Pilzen.

---

221 Raymond D. Cameron und Walter T. Smith, *Calving success of female caribou in relation to body weight*, in R. D. Cameron, W. T. Smith, S. G. Fancy, K. L. Gerhart und R. G. White, *Calving success of female caribou in relation to body weight*, in „Canadian Journal of Zoology", 1993, 71, S. 480–486.

Ende August sind die Herden bereit, in die Winterquartiere in den Bergen zurückzukehren, und machen sich wieder auf den Weg, diesmal aber in Richtung Süden. Diese Reise ist für die vor Kurzem geborene neue Generation am härtesten. Es wird kalt, und Tausende Kilometer in ein paar Monaten zurückzulegen ist nicht einfach für Tiere, die erst vor Kurzem zu laufen begonnen haben. Viele scheitern; die überleben, erreichen die Berge des Yukon und die Südgrenzen des Arctic National Wildlife Refuge im November. In der Zwischenzeit ist bei den Männchen das Wachstum der Geweihe, die im Winter abgefallen und im Frühling und Sommer mit einer Geschwindigkeit von bis zu zwei Zentimetern am Tag nachgewachsen sind, abgeschlossen.[222] So sind sie ungefähr Mitte Oktober mit einer neuen, stattlichen Kampf- und Imponierwaffe bereit, mit dem Buhlen zu beginnen. Beim Kampf mit Konkurrenten kreuzen sie die Geweihe und versetzen sich gegenseitig Stöße, um die Weibchen von ihrer Stattlichkeit zu überzeugen und so einen kleinen Harem von 15–20 Zuschauerinnen um sich zu scharen, die dann den Sieger des Kampfes küren, um sich mit ihm zu paaren.

Nach der Rückkehr in die Winterquartiere müssen die Karibus die härteste Jahreszeit überstehen: Alles ist von einer dicken Schnee- und Eisschicht bedeckt, die Temperatur beträgt um die −30 Grad und die Futtersuche ist ein schwieriges Unterfangen. Diese Hirsche haben jedoch noch „ein Ass im Ärmel": schmale Läufe mit vier getrennten Zehen, wobei die beiden großen, vorderen Zehen mit besonderen Hufen ausgestattet sind. Die Hufe haben eine scharfe Kante, die perfekten Halt gibt, und in der Mitte eine Höhlung, die sie wie kleine Schaufeln aussehen lässt: ideal, um im Schnee zu graben. Mit ihnen können die Karibus das Moos und die Flechten unter der hohen Schneedecke freilegen, insbesondere die nach ihnen benannte Rentierflechte, *Cladonia rangiferina*, die sie besonders

---

222 G. A. Bubenik, D. Schams, R. J. White, J. Rowell, J. Blake und L. Bartos, *Seasonal Levels of Reproductive Hormones and Their Relationship to the Antler Cycle of Male and Female Reindeer (Rangifer tarandus)*, in „Folia Zoologica", 2000, 49, 3, S. 161–166.

gern fressen und von der ihr Überleben abhängt. Denn praktisch können die Karibus nur dank der Flechten, auch wenn sie arm an Proteinen und Mineralen sind, die Winterzeit überleben, in der Erwartung, bei Anbruch des darauffolgenden Sommers wieder nach Norden aufzubrechen.

Obwohl die Karibus unter den Säugetieren den Rekord für die längste Landmigration halten, sind sie beileibe nicht die Einzigen, die regelmäßig die weiten Landschaften Nordamerikas durchstreifen. Auch andere Huftiere sind gezwungen, ihre Sommerregionen zu verlassen, weil es dort im Winter zu kalt wird.

Ungefähr 3.500 Kilometer weiter südlich, im äußersten Nordwesten Wyomings, befindet sich eines der Heiligtümer der Erhaltung der Artenvielfalt in freier Wildbahn: der Yellowstone-Nationalpark, der am 1. März 1872 als weltweit erster seiner Art gegründet wurde. Heute sind in der Umgebung mehrere Nationalparks dazugekommen, die ein riesiges geschütztes und zum Teil noch intaktes Ökosystem bilden, das Greater Yellowstone Ecosystem. Dort, in den Territorien, die früher den Lakota-Sioux und den Arapaho gehörten, führen noch acht Huftierarten ihre jährlichen Wanderungen durch. Es sind die Wapitis *(Cervus elaphus canadensis)*, die Bisons *(Bison bison)*, Elche *(Alces alces)*, aber auch Dickhornschafe, die Schafe der Rocky Mountains *(Ovis canadensis)*, Schneeziegen *(Oreamnos americanus)*, Weißwedelhirsche *(Odocoileus virginianus)*, Maultierhirsche *(Odocoileus hemionus)* und Gabelböcke *(Antilocapra americana)*. Eine kleine Population von Gabelböcken, die heute etwa 2.000 Individuen zählt,[223] unternimmt eine 160 Kilometer lange Wanderung entlang eines der letzten ökologischen Korridore Wyomings: von dem an den Yellowstone-Nationalpark angrenzenden Grand-Teton-Nationalpark im Nordwesten Wyomings zum Becken des Green River, des größten Zuflusses des Colorado River, südwestlich der Kleinstadt Pinedale.

---

223 Renee G. Seidler *et al.*, *Highways, crossing structures and risk: Behaviors of Greater Yellowstone pronghorn elucidate efficacy of road mitigation*, in „Global Ecology and Conservation", 2018, 15, https://doi.org/10.1016/j.gecco.2018.e00416.

Die Strecke ist nicht lang, wird aber seit mindesten 6.000 Jahren begangen,[224] jeden Frühling und jeden Herbst.

Von Ende Mai bis Oktober grasen die Gabelböcke friedlich im Grand Teton: Sie haben genug zu fressen, für sich und ihre Jungen – häufig Zwillinge, von denen jedes bei der Geburt drei Kilo wiegt. Hier finden sie hochwertige Wiesen, reich an nahrhaften krautigen Blütenpflanzen,[225] dank derer sie genügend Energiereserven ansammeln und die Weibchen die Neugeborenen dreimal am Tag säugen können. Doch bei den ersten Vorboten des Winters müssen die Gabelböcke auf Wanderschaft gehen. In Wyoming ist der Winter ungnädig: Im Grand Teton fallen die Temperaturen acht Monate im Jahr unter den Gefrierpunkt, häufig bis auf minus zehn Grad, während die ergiebigen Schneefälle alles unter einer über zwei Meter dicken Schneeschicht begraben können. Unter diesen Bedingungen könnten sich die kleinen Gabelböcke mit einer Schulterhöhe von etwa einem Meter nicht mehr bewegen und ernähren und wären somit dem Untergang geweiht. So geschehen im Jahr 2009, als eine Gruppe von 75 Gabelböcken die gewohnte Herbstmigration um ein paar Monate aufschob: das Rudel überquerte im Januar die Grenzen des Parks, doch nicht einmal die Hälfte erreichte ihr Ziel im Süden von Pinedale. Die es schafften, kamen in sehr schlechter Verfassung an, alle anderen verendeten unterwegs an Hunger oder Erschöpfung.[226] Daher machen sich die Gabelböcke gewöhnlich bei den ersten Anzeichen des Winters gegen Mitte Oktober auf den Weg nach Süden oder Südosten: Jungtiere, Männchen und Weibchen – die seit September trächtig

224 M. E. Miller und P. H. Sanders, *The Trapper's point site (48SU1006): early Archaic adaptations and pronghorn procurement in the upper Green River basin, Wyoming*, in „Plains Anthropologist", 2000, 45, S. 39–52; Joel Berger *et al.*, *Connecting the dots: an invariant migration corridor links the Holocene to the present*, in „Biology Letters", 2006, 2, https://doi.org/10.1098/rsbl.2006.0508.

225 Kerey K. Barnowe-Meyer *et al.*, *Seasonal Foraging Strategies of Migrant and Non-Migrant Pronghorn In Yellowstone National Park*, in „Northwestern Naturalist", 2017, 98, 2, S. 82–91.

226 Mattew J. Kauffman *et al.*, *Wild Migration. Atlas of Wyoming's Ungulate*, Oregon State University Press, 2018.

sind – sind gezwungen, die Grenzen des Parks zu passieren. Sie teilen sich in kleine Rudel auf und sind auch von Laien leicht erkennbar: Ihr Fell ist dunkel-beige bis rötlich-braun, Brust, Bauch, Flanken und Hinterteil sind dagegen weiß. Auch die Zeichnung des Gesichts ist charakteristisch, mit dunkler Nase, einem schwarzen Fleck an den Backen und einem braunen Streifen wie eine durchgehende Augenbraue, aus der ein Paar dunkle Hörner ragen, die beim Männchen gut sichtbar und gabelförmig sind, während sie bei den Weibchen auch völlig fehlen können.

Gabelböcke sind geborene Läufer, sie können bis zu 60 Stundenkilometer rennen, aber nur über kurze Entfernungen, wenn Gefahr droht und sie die Flucht ergreifen müssen. Während der Migration sind sie bedeutend langsamer unterwegs: Dann legen sie rund 30 Kilometer am Tag zurück und vollenden die Herbstmigration in knapp einer Woche.

Außerhalb der Grenzen des Grand-Teton-Nationalparks müssen sich die Gabelböcke aber nicht nur vor Kälte und Großraubtieren wie dem Kojoten *(Canis latrans)*, dem Rotluchs *(Lynx rufus)* und dem Puma *(Puma concolor)* in Acht nehmen. Sie befinden sich nun nicht mehr in einem geschützten Territorium, wo sie frei herumziehen können, sondern müssen immer wieder die Zäune der Farmen überwinden. Da sie nicht besonders gut springen können, überwinden die Gabelböcke diese Hindernisse meist lieber, indem sie auf dem Bauch darunter hindurchkriechen. Das kostet aber Zeit: Die Gruppen halten häufig an, suchen die beste Stelle für die Passage und schlüpfen dann nur einzeln oder zu zweit hindurch. Dadurch muss der Rest der Gruppe warten, wird zur leichten Beute und gefährdet das Überleben aller. Immer wieder verfangen sich auch Tiere im Stacheldraht und kommen dabei zu Tode.

Zum Glück wurde die Wanderroute der Gabelböcke (heute bekannt als *Path of the Pronghorn*) 2005 zum ersten durch die Bundesregierung geschützten ökologischen Korridor von ganz Nordamerika erklärt. Heute sind 70 der über 160 Kilometer, die die

Gabelböcke zurücklegen müssen, geschützt; sie schlängeln sich vom Grand Teton bis kurz jenseits der Grenze des Greater Yellowstone Ecosystem und schließen einen kleinen Abschnitt des Green River ein. Genau diese Stelle ist ein entscheidender Knotenpunkt, den die Ökologen *The Funnel*, also „Trichter" nennen: ein kurzer Abschnitt, auf dem sich der Pfad der Gabelböcke verengt und dem ebenfalls nach Süden gerichteten Flusslauf folgt.

Ungefähr bis hierher folgt auch eine Population von 2.500– 3.500 Maultierhirschen dieser Route: Ebenso wie die Gabelböcke halten auch sie sich im Sommer im Grand Teton auf, einige sogar im nahen Idaho. Den Winter jedoch verbringen sie im Red Desert, 250 Kilometer südöstlich, fast an der Grenze zu Colorado, wobei sie mehr als die Hälfte von Wyoming der Länge nach durchqueren. Die Maultierhirsche treffen gewöhnlich nach den Gabelböcken ein. Sie beginnen ihre Migration später, gegen Ende November, wenn sich der erste Schnee bereits gesetzt hat: Sie sind widerstandsfähiger gegenüber der Kälte und bewegen sich flinker auf der Schneedecke als die Gabelböcke. Außerdem ernähren sie sich von einer größeren Vielfalt von Pflanzen: Sie fressen nicht nur Gräser, sondern auch Blätter und Beeren verschiedener Sträucher und Pilze. Für sie ist es somit leichter, Futter zu finden. Vom Aussehen und Verhalten her ähnelt der Maultierhirsch dem europäischen Reh, er ist aber massiger und schwerer – ein ausgewachsenes Männchen kann es auf ein Gewicht von 150 Kilo bringen – und hat ein Geweih, das eher an das eines Rothirsches erinnert. Unverwechselbar sind seine großen, schwarz umrandeten Ohren, die sich vom gräulichen Fell abheben.

Nach diesem Korridor nördlich von Pinedale trennen sich die Wege der Maultierhirsche und Gabelböcke. Die Maultierhirsche umgehen Pinedale im Nordosten: Als gute Schwimmer durchqueren sie den Fremont Lake und andere Seen am Fuße der Bergkette Wind River Range, die zum Gebirgszug der Rocky Mountains gehört. Viele bleiben dort, während etwa 500 Tiere weiter nach Südosten in ihr Winterquartier ziehen: das Red Desert, eine Wüste aus rotem Sand, umgeben von einer trockenen Steppe.[227] Um dorthin zu gelangen, brauchen sie ungefähr drei Wochen, weil sie alle sechs bis sieben Kilometer anhalten. Sie verbringen 95 Prozent ihrer Wanderschaft mit dem Grasen an bestimmten Rastplätzen: Orte zum Ausruhen und Sich-Stärken. Und genau wie bei einigen Zugvögeln bleiben die Rastplätze Jahr für Jahr immer die gleichen.[228]

Die Gabelböcke dagegen ziehen weiter nach Süden, nachdem sie den Engpass am „Trichter" passiert haben. Sie steuern das Becken des Green River an. Doch genau von da an spitzen sich die Probleme zu. Ihre einzige Migrationsroute wird von neu errichteten Bauten und Anlagen zur Gasförderung bedroht und vom viel befahrenen Highway 191 durchschnitten. Auf dieser Fernstraße verkehren täglich ungefähr 2.500 Fahrzeuge, und Zusammenstöße mit Gabelböcken im Frühling und Herbst waren lange keine Seltenheit: Gut 80 wurden pro Jahr verzeichnet.

Doch heute ist der U.S. Highway 191 kein Problem mehr. Dank der Wyoming Migration Initiative und der Arbeit der Forscher der Universität von Wyoming[229] wurde 2012 in weniger als einem Jahr ein gewaltiges Werk auf dem Gebiet des ökologischen Straßenbaus fertiggestellt: ein Beispiel dafür, wie man die anthropogenen Auswirkungen, in diesem Fall die der Straßen, auf die Wildtiere mildern kann. Im Wesentlichen wurden sechs Unterführungen und zwei Überführungen gebaut, samt flankierenden Zäunen, um die wandernden Rudel zu kanalisieren.[230] Obwohl sie in Italien oft noch als Zukunftsvision betrachtet werden, sind solche Schutzkonstruktionen in der restlichen Welt allgemein üblich und haben den doppelten Vorteil, die Wildtiere zu erhalten und Unfäl-

---

227 Hall Sawyer *et al.*, *The Red Desert to Hoback Mule Deer Migration Assessment*, Wyoming Migration Initiative, University of Wyoming, Laramie, WY, 2014.

228 Hall Sawyer e Matthew J. Kauffman, *Stopover ecology of a migratory ungulate*, in „Journal of Animal Ecology", 2011, 80, S. 1078–1087.

229 http://migrationinitiative.org/.

230 Renee G. Seidler *et al.*, *Highways, crossing structures and risk: Behaviors of Greater Yellowstone pronghorn elucidate efficacy of road mitigation*, in „Global Ecology and Conservation", 2018, 15, https://doi.org/10.1016/j.gecco.2018.e00416.

le zu verhindern, die auch für Menschen tödlich sein können. Die Gabelböcke und Maultierhirsche fanden jedenfalls in kurzer Zeit die Durchlässe, um den U.S. Highway 191 sicher zu überqueren: Erstere zogen es zu 93 Prozent vor, die Landschaft von der Überführung aus zu genießen, während die Zweiten zu 79 Prozent die Unterführungen benutzten.[231]

Dank der großartigen Arbeit, die von Umweltbiologen in Wyoming 2003 mithilfe der Satellitentelemetrie begonnen wurde, konnte man nämlich die Gebiete, in denen sich diese Huftiere winters und sommers aufhalten, Zeitpunkte und Dauer ihrer Herbst- und Frühjahrsmigration sowie den genauen Verlauf ihrer Wanderungen zwischen den beiden Arealen exakt erfassen. Unsere heutigen Kenntnisse sind das Ergebnis dieser Untersuchung, ebenso die ökologischen Baumaßnahmen am Highway 191 und der Schutz wenigstens eines Teils der Pfade, denen diese Wandertiere folgen.

Zumindest vorerst wurde ihre Migrationsroute also erhalten. Und am Ende des Winters – ob sie ihn nun im tiefen Süden oder im Herzen von Wyoming verbracht haben – brechen beide wandernden Tierarten wieder nach Norden auf, zum Grand-Teton-Nationalpark. Wie andere Huftiere warten sie den richtigen Zeitpunkt ab, um auf der „grünen Welle" zu reiten:[232] Das heißt, sie warten, bis der Schnee schmilzt und die Weiden wieder grün werden. Erneut brechen die Gabelböcke als Erste auf (und ernähren sich von den Gräsern, die am schnellsten wieder nachwachsen), während die Maultierhirsche erst im Spätfrühling starten, wenn die Sträucher die Knospen sprießen lassen und neue Blätter austreiben.

Wie aber lernen diese Tiere, auf der grünen Welle zu „surfen" und festzulegen, wann und wohin sie aufbrechen müssen? Eine

---

231 Hall Sawyer *et al.*, *Pronghorn and mule deer use of underpasses and overpasses along U.S. Highway 191*, in „Wildlife Society Bulletin", 2016, 40, S. 211–216.

232 Richard Bischof *et al.*, *A Migratory Northern Ungulate in the Pursuit of Spring: Jumping or Surfing the Green Wave?*, in „The American Naturalist", 2012, 180, S. 407–424.

unlängst in *Science* veröffentlichte Untersuchung hat das Geheimnis offenbar gelüftet, und dabei schafften es die Gabelböcke von Wyoming, die den Green River durchqueren, sogar aufs Titelblatt. Laut den Ausführungen in der renommierten wissenschaftlichen Zeitschrift soll die Fähigkeit, auf Anhieb zu wissen, wohin und wann sie ziehen müssen, um bessere und üppigere Weideflächen zu finden, kulturell vermittelt werden. Die Tiere tauschen die Kenntnisse, die sie erlernt und mit der Zeit verfeinert haben, untereinander aus und geben sie innerhalb des Rudels von Generation zu Generation weiter. Man hat nämlich beobachtet, dass eine an einen anderen Ort umgesiedelte Population bis zu 90 Jahre oder 12 bis 13 Generationen benötigt, bevor zumindest die Hälfte der Exemplare wieder zu ziehen beginnt und dann erst nach und nach die beste Route erlernt.[233]

---

233 Brett R. Jesmer *et al.*, *Is ungulate migration culturally transmitted? Evidence of social learning from translocated animals*, in „Science", 2018, 361, S. 1023–1025; Marco Festa-Bianchet, *Learning to Migrate*, in „Science", 2018, 361, S. 972–973.

Kapitel 12
Nächtliche Spaziergänge

Die berühmteste Froschinvasion ist vielleicht die aus der Bibel: eine der zehn Plagen, die Gott den Ägyptern schickte, um sie dazu zu bewegen, das jüdische Volk ziehen zu lassen. Da wird berichtet, dass der Nil von Fröschen wimmelte: Die Amphibien kriechen aus dem Fluss und bedecken das ganze Land, machen sich auf den Weg zum Palast des Pharao und kommen in die Häuser, in die Betten, in Backöfen und Küchenschränke.

Solche apokalyptischen Szenen werden bis heute regelmäßig in sensationshungrigen Schlagzeilen heraufbeschworen, die von Froschinvasionen in China, Griechenland und auch in Italien berichten. Dabei ist die Erklärung ganz einfach: Auch die Amphibien wandern. Und vor allem handelt es sich bei den Protagonisten dieser zwischen Februar und Juni gemeldeten Invasionen meist nicht um Frösche, sondern um Kröten: vorwiegend um Erdkröten *(Bufo bufo)* und Wechselkröten *(Bufotes viridis* und *Bufotes balearicus)*.

Nicht selten kann man Hunderte oder auch Tausende erwachsene Kröten, oder häufiger noch, Jungkröten kurz nach der Metamorphose auf Wanderschaft sehen. Ja, die Wanderung der Erdkröten oder Wechselkröten ist – neben jener der Vögel – eine der wenigen, die sich gut beobachten lassen. Um dem Schauspiel beizuwohnen, braucht man nicht einmal auf dem Land zu wohnen: Bisweilen genügt es, sich in der Nähe eines großen öffentlichen Parks oder eines einigermaßen natürlichen Areals aufzuhalten. Doch der Reihe nach.

Üblicherweise verbringen die Kröten die kalte Jahreszeit im Winterschlaf, fern von den Tümpeln, in denen sie auf die Welt kamen und wo sie laichen. Sie ziehen sich in Erdhöhlen, ins Unterholz, unter Wurzeln, Baumstämme oder Steine oder sogar in die Kellergeschosse abgelegener Landhäuser zurück und warten dort auf die ersten warmen Frühlingslüftchen. Dann haben die erwachsenen Exemplare, die den Frost überlebten, nur eine Sorge: die Fortpflanzung. Dazu brauchen sie aber Süßwasser: Darin legen die Weibchen die Eier ab, aus denen die Kaulquappen schlüpfen. Die Eier der Amphibien haben nämlich keine Kalkschale wie die der Vögel oder vieler Kriechtiere; damit sich der Embryo entwickeln kann, müssen sie daher im Wasser bleiben, um Austrocknung zu vermeiden. Auch die aus den Eiern geschlüpften Kaulquappen sind lange auf Wasser angewiesen.

Im Frühling kommen die Erdkröten also aus ihren Unterschlüpfen hervor und suchen Tümpel, Teiche oder Seen auf. Wie viele andere wandernde Tierarten bleiben auch sie dem Geburtsort treu: Zwischen 79 und 96 Prozent der erwachsenen Exemplare dieser Art kehren genau in die Gewässer zurück, in denen sie ihre ersten Tage als Kaulquappen verbrachten.[234] Auch die Erdkröten sind zu einem Pendlerdasein gezwungen: Normalerweise halten sie sich im Winter im Umkreis von 500 Metern von dem Gewässer auf, in dem sie im Frühling laichen. Das ist offensichtlich eine Strategie, um sicherzugehen, dass sie beizeiten dort sind und weniger Risiken eingehen. Nach Abschluss der Paarungszeit begeben sie sich dann in die Gebiete, wo sie den Sommer verbringen. Dabei legen sie bis zu drei Kilometer zurück[235] und überwinden auch beachtliche Höhenunterschiede von 200–400 Metern[236]. Am Ende des Sommers

---

234 C. J. Reading et al., *Breeding pond fidelity in the common toad, Bufo bufo*, in „Journal of Zoology", 1991, 225, S. 201–211.

235 H. Heusser, *Die Lebensweise der Erdkröte, Bufo bufo L.: Wanderungen und Sommerquartiere*, in „Revue suisse de zoologie", 1968, 75, S. 928–982; Roman Kovar et al., *Spring migration distances of some Central European amphibian species*, in „Amphibia-Reptilia", 2009, 30, S. 367–378.

236 M. Sztatecsny und R. Schabetsberger, *Into thin air: vertical migration, body condition, and quality of terrestrial habitats of alpine common toads, Bufo bufo*, in „Canadian Journal of Zoology", 2005, 83, S. 788–796.

ziehen sie dann wieder in die Winterquartiere und warten dort auf die Ankunft des Frühlings.

Im Allgemeinen bleiben Amphibien wie Salamander und Molche in der Nähe der Laichplätze und legen auf wenige Hundert Meter begrenzte Wanderungen zurück. Dagegen zählen die Erdkröten zu den Amphibien, die weiter wandern, und zwar zusammen mit den sogenannten „Grünfröschen" der Gattung *Pelophylax*, die bei ihren Migrationswanderungen bis zu 15 Kilometer zurücklegen.[237]

Die Reisen der Amphibien scheinen also im Grunde nichts Großartiges zu sein, wenn man diese Entfernungen mit jenen vergleicht, die die großen Meeressäuger oder manche Vögel zurücklegen. Doch auch für die rund 15 Zentimeter großen Erdkröten ist der Ortswechsel ein schwieriges Unternehmen, und es kann mehrere Tage dauern, bis sie ihr Ziel erreichen. Dass sie langsam sind, ist bekannt; im Übrigen bewegen sich Kröten, besonders die erwachsenen Tiere, im Gegensatz zu den Fröschen zumeist lieber laufend als hüpfend fort. Auf jeden Fall machen sie keine ganz so weiten Sprünge wie ihre beweglicheren Vettern. Üblicherweise sind sie bei Dunkelheit und hoher Luftfeuchtigkeit unterwegs, um Austrocknung zu vermeiden, doch sie schaffen höchstens 500 Meter pro Nacht.[238] Diese Schwerfälligkeit kann sich als tödlich erweisen: Bedauerlicherweise nehmen die Amphibien, insbesondere die Erdkröten, den Spitzenplatz unter den Tieren ein, die auf den Straßen Europas überfahren werden.[239] Wie die meisten wandernden Tiere

---

237 Anthony P. Russell *et al.*, *Migration in amphibians and reptiles: An overview of patterns and orientation mechanisms in relation to life history strategies*, in „Migration of Organisms", 2005, Elewa A. M. T. Eds, S. 151–203; Heinz G. Tunner und Lâszlo Kàrpâti, *The Water Frogs (Rana esculenta complex) of the Neusiedlersee region (Austria, Hungary)*, in „Herptozoa", 1997, 10, S. 139–148.

238 Anthony P. Russell *et al.*, *Migration in amphibians and reptiles: An overview of patterns and orientation mechanisms in relation to life history strategies*, in „Migration of Organisms", 2005, Elewa A. M. T. Eds, S. 151–203.

239 X. Santos *et al.*, *Evaluating factors affecting amphibian mortality on roads: the case of the Common Toad Bufo bufo, near a breeding place*, in „Animal Biodiversity and Conservation", 2007, 30, S. 97–104.

sind sie in Massen unterwegs und folgen möglichst immer den gleichen Routen.[240] Die Folgen einer Straßenüberquerung in Gruppen kann man sich bei dieser „Geschwindigkeit" vorstellen: Das Erbgut ganzer Populationen kann dezimiert,[241] im Extremfall eine ganze Population ausgelöscht werden. Doch gerade weil die Kröten immer den gleichen Routen folgen, kann man solche Katastrophen leicht verhindern. Wie bei den Gabelböcken und Maultierhirschen genügen einfache Umweltschutzmaßnahmen: etwa Beschilderungen anbringen, Unterführungen errichten oder auch nur die betroffene Straße vorübergehend sperren.

Die Wanderungen dieser Amphibien zeichnen sich also nicht durch die zurückgelegten Entfernungen aus, sondern vielmehr durch die Synchronität, mit der sie sich abspielen. Die Erdkröten wandern alle gemeinsam, zu Hunderten oder Tausenden. Wie aber wissen sie, wann es Zeit ist, ihre Winterquartiere zu verlassen und sich auf den Weg zu machen? Die entscheidenden Faktoren sind Tagesdauer und Temperatur. Um die Wanderung auszulösen, müssen zum Beispiel im Süden Englands mindestens neun Stunden Tageslicht herrschen, und nachts darf die Temperatur nicht unter sechs Grad Celsius sinken.[242] Eine wesentliche Rolle spielen die in den 40 Tagen vor der Ankunft am Geburtsteich registrierten Temperaturen: Liegen sie während dieser Zeit ein Grad über oder unter dem Durchschnitt, kommen die Erdkröten 12 Tage früher oder später an.[243] Zur Synchronität der Migration und Paarung scheint auch der Mondzyklus beizutragen. Massenankunft, Paarung und Eiablage erfolgen häufiger bei Vollmond oder kurz

240 Grzegorz Orłowski, *Spatial distribution and seasonal pattern in road mortality of the common toad Bufo bufo in an agricultural landscape of south-western Poland*, in „Amphibia-Reptilia", 2007, 28, S. 25–31.

241 Rolf Holderegger und Manuela Di Giulio, *The genetic effects of roads: A review of empirical evidence*, in „Basic and Applied Ecology", 2011, 11, S. 522–531.

242 C. J. Reading, *The effect of winter temperatures on the timing of breeding activity in the common toad Bufo bufo*, in „Oecologia", 1998, 117, S. 469–475.

243 C. J. Reading, *The effects of variation in climatic temperature (1980–2001) on breeding activity and tadpole stage duration in the common toad, Bufo bufo*, in „Science of The Total Environment", 2003, 310, S. 231–236.

davor.[244] Außerdem können sich Erdkröten sehr gut orientieren. Sie nehmen nicht nur jedes Jahr die gleiche Route, um ans Laichgewässer zu gelangen, sondern sind auch in der Lage, den Weg wiederzufinden, wenn sie vom Kurs abgebracht werden. Sie orientieren sich dabei anhand einer Geruchslandkarte oder verlassen sich wie andere Arten auf optische Anhaltspunkte. Irgendwie schaffen sie es, richtig zu navigieren, auch wenn ihre Fähigkeit nicht weit über einen Radius von drei Kilometern hinausreicht und mit zunehmender Entfernung abnimmt: Je weiter sie vom Pfad abgebracht werden, desto länger brauchen sie, um den richtigen Weg wiederzufinden.[245]

Die Frühjahrsmigration verläuft aufgeregter und hektischer; die Rivalität unter den Männchen macht sich bemerkbar und einige lassen sich sogar huckepack auf dem Rücken des Weibchens – das normalerweise doppelt so groß ist wie das Männchen – mitnehmen, damit es ihnen ja nicht entwischt. Sobald sie im Wasser sind, erfolgt die Paarung: Die Männchen klammern sich an den Rücken der Weibchen und halten sich mithilfe von Schwielen an den ersten drei Fingern der Vorderbeine – Brunst- oder Paarungsschwielen genannt – an ihm fest. Wenn alles gutgeht, legt das Weibchen zwischen 4.000 und 10.000 Eier im Wasser ab, die durch eine gallertartige Schnur miteinander verbunden sind und vom Männchen während der Eiablage befruchtet werden. Die männlichen Kröten sind so liebestoll, dass sich bisweilen so viele Männchen auf dem Rücken eines Weibchens festklammern, dass es ertrinkt – wobei die Männchen oft nicht einmal wahrnehmen, dass sie ihr Liebchen verloren haben.

Die befruchteten Eier bleiben an Wasserpflanzen hängen, brechen im Lauf von zwei Wochen auf und geben kleine schwarze Kaulquappen frei, die nur aus Kopf und Schwanz bestehen. Diese

---

244 Rachel A. Grant *et al.*, *The lunar cycle: a cue for amphibian reproductive phenology?*, in „Animal Behaviour", 2009, 78, S. 349–357.

245 Ulrich Sinsch, *Orientation behaviour of toads (Bufo bufo) displaced from the breeding site*, in „Journal of Comparative Physiology A", 1987, 161, S. 715–727.

brauchen ihrerseits zwei bis drei Monate, um die Metamorphose zu vollenden: Zuerst erscheinen die Hinterbeine, die größer und kräftiger sind, danach die Vorderbeine, dann wird der Schwanz immer kürzer, bis er schließlich ganz verschwindet und die Kaulquappe sich in ein ungefähr ein Zentimeter großes Krötchen verwandelt hat. Die radikalere Veränderung vollzieht sich jedoch nicht in der Form, sondern vielmehr in der Substanz: Von einem kleinen Wesen mit Kiemen, das vorwiegend Pflanzen frisst und nur im Wasser überlebt, verwandelt sich die Kaulquappe in eine mit Lungen ausgestattete Kröte, die atmen und außerhalb des Wassers leben kann, eine gefürchtete Jägerin, die sich überwiegend von Insekten und Schnecken ernährt.

Wie bei Beginn der Frühjahrsmigration, wird auch die für die Durchführung der Metamorphose erforderliche Zeit von der Temperatur beeinflusst, in diesem Fall von der des Wassers. Je wärmer es ist, desto schneller muss die Metamorphose vor sich gehen, denn es besteht die Gefahr, dass der Tümpel austrocknet. Wenn sich schließlich alle Kaulquappen in Krötchen verwandelt haben, beginnen sie ihre erste Wanderung. Und diese Welle von kleinen Kröten, die aus Wasserläufen und Teichen hervorkommen, in denen sie geboren wurden, wird gewöhnlich mit einer „Froschinvasion" verwechselt – ein Teppich von bräunlichen Wesen, der alles bedeckt. Die kleinen Kröten laufen nämlich nicht wie die erwachsenen Tiere, sondern hüpfen, um voranzukommen, und haben eine Haut, die im Vergleich zur pockigen ihrer Eltern viel glatter ist.

Letztere haben indessen gleich nach der Fortpflanzung das Gewässer verlassen und sorgfältig einen Ort für den Sommeraufenthalt ausgewählt, auch wenn sie dazu ein paar Kilometer zurücklegen mussten. Gewöhnlich ziehen sie sich in Waldgebiete oder bebaute Felder, jedenfalls in Gebiete mit genügend Pflanzenbewuchs zurück, wo sie eine ziemlich hohe Luftfeuchtigkeit vorfinden; dort bleiben sie dann den ganzen Sommer über und jagen Fliegen, Schaben und Käfer, Raupen, Regenwürmer und Schnecken. Im Herbst wandern sie dann wieder: Sie ziehen in das Überwinterungsgebiet, kehren also in die Nähe des Teiches zurück, wo sie sich gepaart haben, und halten sich zumeist im Umkreis von 500 Metern vom Tümpel auf.[246] Wie die Frühlingsmigration erfolgt auch diese meistens nachts, doch obwohl sie oft länger ist, fällt sie weniger auf: Die Kröten ziehen nicht mehr alle gemeinsam, sondern starten zu unterschiedlichen Zeiten und von verschiedenen Orten.[247] Nachdem sie ihre Winterquartiere erreicht haben, finden alle, auch die neugeborenen Jungtiere, die in der Zwischenzeit die Teiche verlassen haben, einen passenden Ort, wo sie den Winter verbringen und auf den nächsten Frühling warten.

---

246 Ulrich Sinsch, *Migration and orientation in anuran amphibians*, in „Ethology Ecology & Evolution", 1989, 2, S. 65–79.
247 Ulrich Sinsch, *The migratory behaviour of the common toad (Bufo bufo) and the natterjack toad (Bufo calamita)*, in „Amphibians and Roads", Proceedings of the Toad Tunnel Conference, S. 113–125.

Kapitel 13
Weihnachtsrituale

Um als Wanderer zu gelten, muss man also keine enormen Entfernungen zurücklegen. Man muss weder zu den Giganten der Meere noch zu den stolzen Huftieren zählen und auch nicht über Flügel verfügen, auch wenn diese Tiere die bekanntesten und am besten erforschten sind. Doch es gibt auch unvermutete Wanderer: die Krabben.

Obwohl man sie als eher sesshafte Meerestiere betrachtet, die ihr Leben auf einer Klippe oder zumindest in einem begrenzten Gebiet am Küstenstreifen verbringen, können sie auch als Landtiere im dichten Wald leben und als echte Pendler ihre jährlichen Wanderungen durchführen.

Die berühmtesten wandernden Krebstiere sind die Roten Landkrabben *(Gecarcoidea natalis)* der Weihnachtsinsel, eine kleine, 135 Quadratkilometer große australische Insel knapp unterhalb Indonesiens, die ihren Namen der Tatsache verdankt, dass sie von englischen Seeleuten am 25. Dezember 1643 entdeckt wurde. Heute leben in dieser friedlichen Oase ungefähr 1.400 Menschen und über 40 Millionen Krabben, die rund zehn Zentimeter groß und knallrot sind, als ob sie sich mit Begeisterung auf Weihnachten eingestimmt hätten. Das ergibt über 30.000 Krebstiere pro Kopf, die die meiste Zeit des Jahres nicht sonderlich stören. Während der Trockenzeit leben die Weihnachtsinsel-Krabben normalerweise im höher gelegenen und unbewohnten Teil der Insel, versteckt im Tropenwald, von dem diese fast zur Gänze bedeckt ist. Dort spielen sie eine wesentliche Rolle für das Ökosystem und die Biodiversität der Insel: Sie verzehren Blätter, Samen, Früchte und manchmal auch kleine tote Tiere. Außerdem graben sie den Boden um und düngen ihn mit ihren Exkrementen. Zwischen November und Dezember, also mit Beginn des Südsommers und der Regenzeit, werden die Straßen der Insel aber buchstäblich von einem roten Ozean überschwemmt: Die Krabben haben mit ihrer Wanderung begonnen, die sie um Weihnachten herum abschließen.

Die Männchen und nach ihnen die Weibchen verlassen den Dschungel und überqueren die Insel, ohne Angst vor dem Menschen und seinen Bauwerken, um an ihren Paarungsstrand zu gelangen. Sie steuern aber nicht den nächstgelegenen Strand an, sondern wandern mehrere Kilometer weit. Die Strände sind schließlich nicht alle gleich. Deshalb glaubt man, dass bei dieser ungewöhnlichen Entscheidung nicht nur Umweltfaktoren wie Regenfälle mitspielen, sondern auch optische Reize, die Wahrnehmung des Magnetfeldes, polarisiertes Licht und eine bestimmte Dosis Erinnerung. Die Krabben legen ungefähr 600–700 Meter am Tag zurück; einige ungeduldigere Individuen bringen es mit ihren spitzen Beinchen gar auf bis zu 1.450 Meter. Sie wandern aber nur zu den kühlsten Tageszeiten: in den frühen Morgenstunden und am späten Nachmittag. Während der wärmsten Stunden des Tages (in denen trotz der Regenfälle 30 Grad Celsius herrschen können) ruhen sie sich im Schatten aus. So brauchen sie für die Reise hin und zurück etwa neun bis 18 Tage, wobei sie ihre Märsche nach den Regenfällen und den Gezeiten ausrichten. Auf Regen zu warten ist notwendig, um nicht ausgetrocknet in der Sonne zu sterben, die Gezeiten hingegen sind wesentlich für die Eiablage. Deshalb stürmen sie in manchen Jahren den Strand, während sie in anderen auch eine Woche auf halbem Weg verharren, bevor sie am Bestimmungsort eintreffen.[248] Sobald sie den Strand erreicht haben, graben die Männchen ein Loch in den Sand: Das wird dann ihr „Liebesnest". Gleich nach der Begattung verschwinden sie aus dem Blickfeld der Weibchen und kehren in das Dickicht des Dschun-

---

248 Agnieszka M. Adamczewska und Stephen Morris, *Ecology and Behavior of Gecarcoidea natalis, the Christmas Island Red Crab, During the Annual Breeding Migration*, in „The Biological Bulletin", 2001, 200, S. 305–320.

gels zurück, während die Weibchen in jenem Loch geduldig auf die Gezeiten warten müssen, und zwar auf die Flut während des letzten Mondviertels, um die Eier abzulegen. Zum richtigen Zeitpunkt, wenn das Wasser hoch steht, legt jedes Weibchen ungefähr 100.000 Eier ab. Und sobald die winzigen Eier das Wasser des Ozeans berühren, öffnen sie sich und entlassen Wolken von ebenso winzigen Larven ins Meer. Während die Weibchen bereits in die bewaldete Hochebene der Insel zurückgekehrt sind, fällt ein Großteil des Nachwuchses ihren Fressfeinden zum Opfer, vor allem großen Filtrierern wie Walhaien und Mantarochen, die Millionen von Krabbenlarven aus dem Wasser fischen.

Nach etwa einem Monat nähern sich die überlebenden Larven in Form eines Zwischenstadiums, Megalopa genannt, den Küsten und verwandeln sich dort in Krabbenbabys von knapp einem halben Zentimeter Durchmesser, die bereit für ihre erste Reise sind. Sie entsteigen den Wellen des Ozeans, und ohne dass ihnen jemand den Weg gezeigt hätte, steuern sie auf den Wald zu, wobei sie ungefähr neun Tage brauchen,[249] um auch in Höhen über 250 Meter zu steigen. Dort verbringen sie, versteckt zwischen Felsen und der Vegetation, ihre ersten drei Lebensjahre, bis sie schließlich paarungsbereit sind und ihre erste Laichwanderung unternehmen.

Dieses Schauspiel kann sich bis zu dreimal in einer Laichsaison wiederholen und dauert insgesamt drei Monate. Ihre Massenwanderung bringt für den Verkehr viele Unannehmlichkeiten mit sich, doch um das Überleben der Art zu garantieren, hat die Regierung Schutzmaßnahmen wie Unterführungen und krabbenfreundliche Brücken eingeführt, dank derer diese Krebstiere unbeschwert die Straßen überqueren können, ohne ihr Leben zu riskieren – und ohne Autoreifen aufzuschlitzen, denn ihr Panzer ist wirklich hart. Normalerweise brauchen die erwachsenen Krabben keine Feinde zu fürchten, doch seit in den 1990er-Jahren die invasive Gelbe

---

249 J. W. Hicks, *The Breeding Behaviour and Migrations of the Terrestrial Crab Gecarcoidea natalis (Decapoda: Brachyura)*, in „Australian journal of Zoology", 1985, 32, S. 127–142.

Spinnerameise *(Anoplolepis gracilipes)* durch den Menschen einge-
schleppt wurde, ist die Population der Roten Landkrabbe ernsthaft
bedroht. Die Ameisen breiteten sich rasch in den Wäldern der Insel
aus und zwangen die Krabben zum Rückzug. Ihr Zuzug veränderte sogar die Struktur des Waldes: Einige Pflanzen, die sonst von
den Krabben gefressen und dadurch in Zaum gehalten wurden,
verbreiteten sich nun über die Insel, so zum Beispiel die Riesen-
brennnessel *Dendrocnide peltata,* die bei Berührung stechende
Schmerzen verursacht.

Auch das Dach des Waldes hat sich verändert, denn die aus
Südamerika stammende Cochenilleschildlaus konnte sich mittlerweile ebenfalls weit verbreiten. Sie wird von den invasiven Ameisen
beschützt. Cochenilleschildläuse ernähren sich nämlich von Pflanzensaft und sondern eine stark zuckerhaltige Flüssigkeit ab, den
Honigtau: die Leibspeise der Gelben Spinnerameisen. Der Honigtau fördert aber auch das Wachstum von Pilzen, die auf der Oberfläche der Blätter gedeihen und das Pflanzenwachstum hemmen.

Und als ob es damit nicht genug wäre, greifen die Gelben
Spinnerameisen die Krabben direkt an, wenn diese während der
Migration ihr Territorium durchqueren. Sie nutzen dabei eine
übermächtige Waffe: die Ameisensäure. Sie stürzen sich auf die
Krabben, besprühen sie mit Säure und die verwirrten oder sogar
geblendeten Krebstiere sterben letztendlich. Oder sie setzen sich
beim Versuch, zu fliehen, der Sonne aus, kommen durch Austrocknung und Erschöpfung um und werden sodann von den Ameisen
gefressen.[250] Die Ankunft dieser Insekten wirkte sich so verheerend
aus, dass ihretwegen bereits zwischen 10 und 15 Millionen Krabben zu Tode kamen.[251]

Als auffällig bunte und nur auf der Weihnachtsinsel und den
westlich gelegenen Kokosinseln heimische Art zieht die Rote Land-

---

250 Lori Lach und Conrad Hoskin, *Too much to lose: Yellow crazy ants in the wet tropics,*
     in „Wildlife Australia", 2015, 52, S. 37–41.
251 Dennis J. O'Dowd *et al., Invasional meltdown on an oceanic island,* in „Ecology Let-
     ters", 2003, 6, S. 812–817.

krabbe mit ihren Massenwanderungen viele Touristen an; doch sie ist längst nicht das einzige wandernde Krebstier. Dazu zählt auch eine ihrer Cousinen, die ebenfalls zur Familie der Landkrabben gehört und eine Insel bewohnt: die Insel Ascension im Atlantischen Ozean. Es handelt sich um die Gelbe Landkrabbe *Johngarthia lagostoma*, eine zehn Zentimeter große, orangegelbe Krabbe (auch wenn auf einem Atoll in der Nähe eine violettrot gefärbte Variante häufiger vorkommt), die wie alle Landkrabben außerhalb des Wassers lebt, zum Laichen aber dorthin zurückkehrt. Die Gelbe Landkrabbe trifft man vorwiegend über einer Höhe von 200 Metern an, insbesondere auf dem höchsten Punkt der Insel Ascension, dem Green Mountain. Dort könnten sie in Ruhe ihr ganzes Leben verbringen, wenn sie sich nicht fortpflanzen müssten. Nur zu diesem Zweck steigen sie einmal im Jahr vom Berg hinab an die Ost- und Südküsten der Insel und überqueren dabei das nackte schwarze Vulkangestein der Insel in einer Wanderung, die vielleicht noch riskanter ist als die der Weihnachtsinsel-Krabben. Zwar gibt es entlang der Strecke keine befahrenen Straßen und viel weniger Touristen, doch die Hitze und der nackte, glühende Boden sind ein enormes Hindernis für diese Krebstiere, die an das Leben in der feuchten Vegetation, in Höhlen und unterirdischen Tunnels angepasst sind und sich vorwiegend von Blättern und anderem Pflanzenmaterial ernähren. Trotzdem scheinen sich die Gelben Landkrabben nicht besonders um die Regenzeit zu scheren: Die intensivsten Niederschläge auf der Insel setzen im März ein und hören im Mai auf, ihre Wanderung erfolgt jedoch zwischen Januar und März. Auf ihren acht Beinchen, unterstützt vom Scherenpaar, legen sie rund 450 Meter am Tag zurück, überwinden Hunderte Meter Höhenunterschied, überqueren unwegsame Lavafelder und paaren sich oft bereits während der Reise. In diesem Fall kehren die Männchen um und setzen keinen Fuß mehr auf den Sand. Tatsächlich sind 80 Prozent der Individuen, die den Strand erreichen, trächtige Weibchen, von denen jedes rund 70.000 Eier ablegt, nachdem auch sie, versteckt in Löchern und Höhlen, auf die Flut des letzten

Mondviertels gewartet haben,[252] um das Austrocknen der Eier zu verhindern. Nachdem sie in der Nacht im Wasser gelaicht haben, kehren auch die Weibchen zurück, wobei sie sich bei Gelegenheit eine unkonventionelle Zwischenmahlzeit gönnen: frisch geschlüpfte Grüne Meeresschildkröten.[253] Unterdessen verbringen die Larven ungefähr 20 Tage im Meer, bevor sie als Megalopae an die Küsten zurückkehren und sich nach der Metamorphose als junge Krabben an die Inselbesteigung machen.[254]

---

252 Richard G. Hartnoll *et al.*, *Reproduction in the land crab Johngarthia lagostoma on Ascension Island*, in „Journal of Crusctacean Biology", 2010, 30, S. 83–92.
253 F. Glen *et al.*, *Thermal control of hatchling emergence patterns in marine turtles*, in „Journal of Experimental Marine Biology and Ecology", 2006, 334, S. 31–42.
254 Richard G. Hartnoll *et al.*, *Johngartia lagostoma (H. Milne Edwards, 1837) on Ascension Island: a very isolated land crab population*, in „Crustaceana", 2006, 79, S. 197–215.

Kapitel 14
Die Zukunft der Wanderungen

Jeden Tag, jede Minute sind irgendwo auf der Erde wandernde Tiere zu Lande, zu Wasser oder in der Luft unterwegs. Ihr Leben ist ein Leben auf Reisen, ob es sich nun um Wale, Vögel, Libellen, Lachse oder Gnus handelt. Doch dieses Phänomen, das den Menschen seit Jahrtausenden fasziniert, droht zu verschwinden. Die Protagonisten dieser Reisen sind vom Aussterben bedroht. Denken wir an die Gabelböcke, an die Roten Landkrabben, aber auch an alle Haifisch- und Walarten und den Großteil der Zugvögel: Alle haben es schwer. Ihr Habitat wird zerstört, sie müssen mit gebietsfremden Arten konkurrieren, jahrtausendealte Routen werden durch neue Straßen unterbrochen.

So war die Wanderung der Gnus akut gefährdet, als man im Jahr 2010 plante, eine Schnellstraße durch den Serengeti-Nationalpark zu bauen.[255] 2014 wurde die Idee zum Glück vom Ostafrikanischen Gerichtshof abgelehnt, um die Huftiere zu schützen. Wandertiere müssen außerdem mit Umweltverschmutzung, Jagd oder Überfischung fertigwerden. Die meisten wandernden Tierarten wurden im letzten Jahrhundert dezimiert und sind trotz internationaler Tierschutzgesetze immer noch im Rückgang begriffen. Und schließlich haben alle Wandertierarten mit dem Klimawandel zu kämpfen. Wenn sie verschwinden, verschwinden mit ihnen auch die Dienste, die sie dem Ökosystem erweisen. Denken wir nur an die Tonnen von Schädlingen, die die Vögel vertilgen, die im

---

255 Richardo M. Holdo *et al.*, *Predicted Impact of Barriers to Migration on the Serengeti Wildebeest Population*, in „Plos One", 2011, https://doi.org/10.1371/journal.pone. 0016370.

Frühling nach Europa kommen. Oder daran, welch wichtige Nahrungsquelle für das gesamte Flusssystem die Kadaver der Lachse oder der Gnus sind. Oder an den Dienst, den Gnus oder Krabben mit ihrem Getrampel und ihren Exkrementen für die Regeneration der Savannen oder des Waldes leisten.

Die Erhaltung der wandernden Tierarten stellt Wissenschaft und Politik vor große Herausforderungen.[256] Es gibt dabei ein grundlegendes Problem: Zwar wurden im letzten Jahrhundert und insbesondere in den letzten 50 Jahren wesentliche Entdeckungen zu den Wanderungen und den Tieren gemacht, die solche außergewöhnlichen Reisen an der Grenze ihrer körperlichen Leistungsfähigkeit unternehmen. Doch wie eingehend sie auch untersucht wurden, noch weiß man nicht alles über die Migrationen. Um die Wandertiere wirksam zu schützen, müssen wir jedoch zu einem umfassenden Verständnis der Mechanismen kommen, die die zeitlichen Abläufe, die Wanderrouten sowie die Wahl der Plätze bestimmen, an denen sie anhalten, rasten oder sich fortpflanzen. Das ist die größte Herausforderung für die Wissenschaft, allerdings kann sich jene für die Politik als noch schwieriger erweisen.

Zu oft hat man erst dann etwas zu unternehmen versucht, wenn eine Art bereits kurz vor dem Aussterben stand. Die Naturschutzbiologie ist eine „Krisenwissenschaft", wie sie Michael Soulé nannte: Um den Schaden zu begrenzen, müssen die Wissenschaftler rasch handeln, häufig, ohne über alle Instrumente zu verfügen oder indem sie sich auf ein unvollständiges Datenpuzzle stützen, weil man die angerichteten Schäden erst zu spät bemerkt hat. Wir müssten aber bereits im Vorfeld aktiv werden und uns vor Augen halten, dass man die wandernden Tierarten nur vor dem Aussterben bewahren kann, wenn man nicht nur die Sommer- und Winterquartiere, sondern auch ihre Routen schützt. Dazu sind inter-

---

256 David S. Wilcove und Martin Wikelski, *Going, going, gone: is animal migration disappearing?*, in „Plos Biology", 2008, 6, https://doi.org/10.1371/journal. pbio.0060188.

nationale politische Bemühungen nötig, denn ihre Wanderung ist eine Reise, die keine Grenzen kennt. In diesem globalen Szenario kann man auch über den Klimawandel nicht hinwegsehen. Nach dem Bericht des Intergovernmental Panel on Climate Change (IPCC)[257] der Vereinten Nationen von 2018, der sich mit der Analyse des Klimaverlaufs und der Erstellung verlässlicher Modelle zur Klimaentwicklung befasst, hat sich die Durchschnittstemperatur unseres Planeten im Vergleich zum vorindustriellen Zeitalter bereits um ein Grad erhöht und das Thermometer wird noch weiter steigen. Bleiben die derzeitigen Werte der Treibhausgasemissionen unverändert, wird die globale Durchschnittstemperatur bis 2030 um 1,5 Grad und bis 2060 um zwei Grad ansteigen. Nach dem 2015 unterzeichneten Pariser Abkommen müssten wir innerhalb dieser 1,5 Grad bleiben, um die Auswirkungen überschau- und handhabbar zu halten.

Sollte uns dieses Unternehmen gelingen, würde der Meeresspiegel bis 2100 um 30–80 Zentimeter statt um ungefähr einen Meter ansteigen; es würden „nur" 70–90 Prozent anstelle von 99 Prozent der Korallenriffe zerstört werden; und das Nordpolarmeer bliebe nur einmal pro Jahrhundert statt einmal pro Jahrzehnt im Sommer komplett frei von Meereis. Doch um die Schäden zu begrenzen, bleibt uns nicht mehr viel Zeit: Bis 2030 müssten die Emissionen auf null zurückgehen, andernfalls hätten wir versagt. Indessen verheißt die letzte Klimakonferenz der Vertragsstaaten, kurz COP25, die 2019 in Madrid abgehalten wurde, nichts Gutes.

Abgesehen von den Zukunftsperspektiven, hat der immer weiter fortschreitende Klimawandel auch bei den Wandertieren bereits Spuren hinterlassen.

257 Valérie Masson-Delmotte *et al., Global warming of 1.5 °C. An IPCC Special Report on the impacts of global warming of 1.5 °C above pre-industrial levels and related global greenhouse gas emission pathways, in the context of strengthening the global response to the threat of climate change, sustainable development, and efforts to eradicate poverty,* World Meteorological Organization, Genève 2018.

Mittlerweile ist klar, dass das Phänomen der Tiermigration ein in hohem Maße mit biotischen und abiotischen Zyklen synchronisierter Vorgang ist, der sich in Jahrtausenden entwickelt hat. Wandertiere wissen aufgrund einer Reihe von Reizen, zu denen die Dauer der Fotoperiode, der Wechsel der Jahreszeiten, Temperaturveränderungen oder der Beginn der Regenzeit gehören, wann es Zeit zum Aufbruch ist. Die Veränderung auch nur eines dieser Faktoren kann katastrophale Folgen haben. Wenn der Frühling und der Rückzug der Wintereismassen wegen des Klimawandels früher eintreten, muss man sich anpassen. Das größte Risiko ist, dass man es nicht rechtzeitig schafft, den Höhepunkt des Nahrungsmittelüberflusses in der Fortpflanzungsperiode zur Gänze auszunutzen. Wenn der Frühling zu früh einsetzt, kommt alles aus dem Takt. Wenn die Pflanzen früher blühen und die Insekten früher schwärmen, können sich die Zugvögel nicht erlauben, zu spät zu kommen, und sind gezwungen, sich zu beeilen, um zu überleben. Zu große Eile könnte aber auch verhängnisvoll sein: Für die Gnus zum Beispiel würde es bedeuten, anstelle des Eyasisees ein Halbwüstengebiet ohne Wasser und ohne frisches Gras vorzufinden. Sie müssten verdursten oder verhungern und die Fortpflanzungssaison wäre komplett verloren. Die einzige Überlebensmöglichkeit besteht somit darin, mit dem Wandel zurechtzukommen und sich schnell an die neuen Rhythmen anzupassen.

Es gibt Hunderte wissenschaftliche Artikel, die sich mit den Auswirkungen des Klimawandels auf die wandernden Tierarten befassen. Eine der offensichtlichsten Folgen des Anstiegs der Durchschnittstemperatur auf dem Globus ist die Phasenverschiebung bei der Ankunft der Zugvögel. Beim Versuch, dem immer früher eintretenden Frühling auf der Nordhalbkugel hinterherzukommen, sind sie gezwungen, sich immer früher auf den Weg in ihre Brutquartiere zu machen.[258] Und die Verschiebung betrifft

---

258 Jennifer A. Gill *et al.*, *Why is timing of bird migration advancing when individuals are not?*, in „Proceeding of the Royal Society B: Biological Sciences", 2014, 281, https://doi.org/10.1098/rspb.2013.2161.

alle, auch die Rekordhalterin unter den Zugvögeln: die Küstensee-schwalbe. Laut einer in Dänemark durchgeführten Untersuchung, bei der Daten von 1929 bis 1998 analysiert wurden, haben die Küstenseeschwalben den Brutbeginn innerhalb von 70 Jahren um 18 Tage vorverlegt.[259] Aber auch ihre Nester sind gewandert: Die Jungen kehren zum Brüten nicht mehr genau an ihren Geburtsort zurück, sondern haben „ihren Horizont erweitert", und zwar um eine ganze Größenordnung. Bauten sie ihr Nest in den 1930er-Jahren im Umkreis von zehn Kilometern von jenem, in dem sie das Licht der Welt erblickt hatten, so fand die Familiengründung am Ende des Jahrhunderts in 100 Kilometer Entfernung statt.[260] Auch die Schwalben beeilen sich, nach Europa zu kommen, und nutzen, so gut es geht, die Umweltinformationen, die ihnen in den Brut-stätten, Winterquartieren und auf der Zugroute zur Verfügung stehen, um den zeitlichen Ablauf ihrer Zugbewegungen anzupas-sen.[261]

Früher in den Fortpflanzungsquartieren einzutreffen scheint eine gute Strategie zu sein, um den Wandel zu überleben, doch das ist nicht immer der Fall. Denn es heißt nicht notwendigerweise, früher zu starten: Es kann auch bedeuten, schneller zu wandern, also die Pausen zu reduzieren oder zu eliminieren, die notwendig sind, um wieder in Form zu kommen – und damit auch ein höhe-res Risiko einzugehen.

Würden die Kurzstreckenzieher, die ungefähr 5.000 Kilometer zurücklegen, die Dauer der Pausen um 20 Prozent verringern, könnten sie ungefähr zwei Tage Zeit gewinnen, während die Lang-streckenzieher, die 10.000 Kilometer zurücklegen, mit dieser Stra-tegie ungefähr sieben Tage herausholen könnten. Das alles reicht

259 A. P. Møller et al., Rapidly advancing laying date in a seabird and the changing advan-tage of early reproduction, in „Journal of Animal Ecology", 2006, 75, S. 657–665.

260 A. P. Møller et al., Dispersal and climate change: a case study of the Arctic tern Sterna paradisaea, in „Global Change Biology", 2006, 12, S. 2005–2013.

261 Mattia Pancerasa et al., Barn swallows long-distance migration occurs between signifi-cantly temperature-correlated areas, in „Scientific Reports", 2018, 8, https://doi.org/10.1038/s41598-018-30849-0.

allerdings nicht: In Europa hat sich der Zeitraum, in dem die Raupen mehrerer Schmetterlingsarten, die eine wesentliche Nahrungsquelle für insektenfressende Wandertierarten sind, aus ihren Kokons schlüpfen, um neun bis 20 Tage nach vorn verschoben. Trotz aller Anstrengungen kommen die Wandertiere also nicht rechtzeitig an, um den gesamten Zeitraum der maximalen Nahrungsverfügbarkeit zu nutzen. Um etwa zehn Tage früher nach Europa zu kommen, müssten sie die Dauer ihrer Erholungspausen um 50 Prozent kürzen, und sie müssten sie komplett streichen, um jene rund 20 Tage Unterschied auszugleichen.[262]

Eine größere Anstrengung führt demnach häufig nicht zu den erhofften Ergebnissen. Das gilt auch für die Weißwangengans oder Nonnengans *(Branta leucopsis)*, die sich im Winter hauptsächlich zwischen den Niederlanden, Schottland und Irland aufhält und im Frühling auf dem norwegischen Inselarchipel Spitzbergen und der russischen Doppelinsel Nowaja Semlja nistet, aber auch an der Ostküste Grönlands und den Küsten einiger Ostsee-Länder wie Estland, Finnland, Dänemark und Schweden. Mit den steigenden Temperaturen begann diese Art, ihre ungefähr 3.000 Kilometer lange Fortpflanzungswanderung schneller durchzuführen: Sie machte weniger Pausen, um rechtzeitig zum verfrühten Frühling in den Brutquartieren einzutreffen. Doch die Mühe war umsonst. Denn die Kraftanstrengung erforderte längere Erholungszeiten: Nach der Ankunft mussten sich die Weißwangengänse vor der Paarung und Eiablage erst einmal ausgiebig stärken, sodass der mühsam herausgeholte Vorsprung faktisch annulliert wurde. Die Eiablage und das Schlüpfen der Küken erfolgten immer noch zu spät, sodass die Neugeborenen das Nahrungsangebot des Frühlings nicht voll nutzen konnten.[263] In diesem Fall bestünde die einzige wirksame Lösung also darin, früher zu starten, damit der physio-

---

262 Heiko Schmaljohann und Christiaan Both, *The limits of modifying migration speed to adjust to climate change*, in „Nature Climate Change", 2017, 7, S. 573–576.

263 Thomas K. Lameris *et al.*, *Arctic geese tune migration to a warming climate but still suffer from a phenological mismatch*, in „Current Biology", 2018, 28, S. 2467–2473.

logische Zeitrahmen der Reise eingehalten wird und die Tiere nicht warten müssen, bevor sie sich fortpflanzen.

Die Vögel richten ihre Abflugzeiten im Frühling aber weitgehend nach der Fotoperiode aus, die sich mit dem Anstieg der Temperatur nicht ändert. Andere Arten wie der Trauerschnäpper *(Ficedula hypoleuca)*, der in Afrika überwintert und in den europäischen Wäldern nistet, haben tatsächlich eine andere Lösung gefunden, um die Vorteile des verfrühten Frühlings unverzüglich zu nutzen. Sie bemühen sich nicht, die Reise um einige Tage zu verkürzen, sondern verlegen „einfach" die Eiablage nach vorn. Sputen müssen sich also nur die Weibchen, die normalerweise erst deutlich nach den Männchen im Brutgebiet ankamen. Während die Männchen in den letzten 35 Jahren weiterhin Anfang April eintrafen, haben die Weibchen von 1980 bis 2015 die Reise vorverlegt, und heute treffen sie praktisch gleichzeitig mit den Männchen ein, wie Daten aus den Niederlanden belegen. So können sie sich früher paaren und Eier legen, um den Überfluss an Raupen und Insekten zu nutzen, der immer frühzeitiger eintritt.[264]

Generell haben mehrere Untersuchungen bestätigt, dass viele Lang- und Kurzstreckenzieher auf verschiedene Art und Weise ihre Ankunft im Frühling auf der Nordhalbkugel vorverlegen, und zwar sowohl in Europa als auch in Nordamerika.[265] Wer dagegen dem fortschreitenden Klimawandel nicht zu folgen vermag, ob nun wegen der Zeitabläufe oder aufgrund von Erfordernissen des

---

264 Barbara M. Tomotani *et al.*, *Climate change leads to differential shifts in the timing of annual cycle stages in a migratory bird*, in „Global Change Biology", 2017, 24, S. 832–835; Christiaan Both und Marcel E. Visser, *Adjustment to climate change is constrained by arrival date in a long-distance migrant bird*, in „Nature", 2001, 411, S. 296–298.

265 Niclas Jonzén *et al.*, *Rapid advance of spring arrival dates in long-distance migratory birds*, in „Science", 2006, 312, S. 1959–1961; Jay Zaifman *et al.*, *Shifts in bird migration timing in North American long-distance and short-distance migrants are associated with climate change*, in „International Journal of Zoology", 2017, 2, S. 1–9; Kyle G. Horton *et al.*, *Holding steady: Little change in intensity or timing of bird migration over the Gulf of Mexico*, in „Global Change Biology", 2019, https://doi.org/10.1111/gcb.14540.

Habitats, leidet schon jetzt unter den ersten Folgen: Die betroffenen Arten sind im Rückgang begriffen.[266]

Das Problem betrifft nicht nur die Vögel: Auch die Mexikanischen Bulldoggfledermäuse *(Tadarida brasiliensis)*, die den Winter in Mexiko und den Sommer in der Bracken Cave in Texas verbringen, haben ihre Frühjahrswanderung Jahr für Jahr vorverlegt. Die aus Untersuchungen hervorgehenden Trends sprechen eine deutliche Sprache: In den letzten 20 Jahren, insbesondere von 1995 bis 2017, sind die Fledermäuse immer früher eingetroffen, und aus dem anfänglichen Unterschied von wenigen Stunden sind ganze zwei Wochen geworden.[267]

Bei den Amphibien sieht es nicht anders aus: In England haben einige Frosch- und Molcharten bereits vor 40 Jahren begonnen, das Laichen in den Teichen vorzuverlegen. Der Nördliche Kammmolch *(Triturus cristatus)*, der Fadenmolch *(Lissotriton helveticus)* und der Teichmolch *(Lissotriton vulgaris)* hatten bereits Mitte der 1990er-Jahre den Zeitpunkt des Eintreffens an den Laichtümpeln um fünf bis sieben Wochen gegenüber 1978 vorverlegt. Im selben Zeitraum verschob sich die Eiablage des Teichfrosches *(Pelophylax kl. esculentus)* und der Kreuzkröte *(Epidalea calamita)* zwei bis drei Wochen nach vorn.[268] Bei polnischen Erdkröten erfolgte die erste Eiablage im Jahr 2002 neun Tage früher als 1978. In anderen europäischen Staaten, etwa in England, wurden dagegen keine signifikanten Veränderungen verzeichnet. Doch auch wenn die euro-

---

266 Anders Pape Moller *et al.*, *Populations of migratory bird species that did not show a phenological response to climate change are declining*, in „Proceedings of the National Academy of Sciences", 2008, 105, S. 16195–16200; Christiaan Both *et al.*, *Climate change and population declines in a long-distance migratory bird*, in „Nature", 2006, 441, S. 81–83.

267 Philipp M. Stepanian und Charlotte E. Wainwright, *Ongoing changes in migration phenology and winter residency at Bracken Bat Cave*, in „Global Change Biology", 2018, 24, S. 3266–3275.

268 Trevor J. C. Beebee, *Amphibian breeding and climate*, in „Nature", 1995, 374, S. 219–220; Trevor J. C. Beebee und Richard A. Griffiths, *The amphibian decline crisis: a watershed for conservation biology?*, in „Biological Conservation", 2005, 125, S. 271–285.

päischen Erdkrötenpopulationen vorerst unterschiedlich auf den Klimawandel reagieren, könnten seine Folgen in Zukunft stärker spürbar werden.[269] Denn die Temperatur ist gerade für Amphibien ein wesentlicher Parameter: Sie reguliert die Körpertemperatur und beeinflusst den Ablauf einiger biochemischer und physiologischer Prozesse, vom Stoffwechsel bis zum Kreislauf. Vor allem von der Temperatur hängen auch die Wachstumsrate der Kaulquappen während der Metamorphose, der Zeitpunkt des Erwachens aus der Winterruhe sowie der Beginn der Fortpflanzungsaktivität mit den üblichen „Liebesserenaden" der quakenden Männchen ab.[270]

Während man sich im Frühling also noch mehr beeilen muss, kann man sich im Herbst länger Zeit lassen und den Aufbruch hinausschieben, wie es beispielsweise die Grauwale tun, die bei Einbruch des Winters und Vorrücken des Meereises vom Beringmeer nach Baja California ziehen. Von 1980 bis 2000 verschob sich ihre Wanderung tatsächlich um etwa eine Woche nach hinten: Fiel vor 1980 der Höhepunkt der Sichtungen am Granite Canyon in Kalifornien auf den 8. Januar, so war dies in den 2000er-Jahren erst am 15. desselben Monats der Fall.[271] Heute scheint er noch später zu erfolgen, nämlich am 22. Januar. Der Grund ist, dass die Grauwale länger in den Polarmeeren bleiben, da das im Winter entstehende Meereis sie erst später vertreibt. Ähnlich reagieren auch andere arktische Walarten[272] und die Zugvögel. In den letzten 40 Jahren schoben die Kurzstreckenzieher, also jene Arten, die den

269 Piotr Tryjanowski et al., *Changes in the first spawning dates of common frogs and common toads in western Poland in 1978–2002*, in „Annales Zoologici Fennici", 2003, 40, S. 459–464; Trevor J. C. Beebee, *Amphibian Phenology and Climate Change*, in „Conservation Biology", 2002, 16, S. 1454–1455.

270 Cynthia Carey und Michael A. Alexander, *Climate change and amphibian declines: is there a link?*, in „Diversity and Distribution", 2003, 9, S. 111–121.

271 David J. Rugh et al., *Timing of the gray whale southbound migration*, in „Journal of Cetacean Research and Management", 2001, 3, S. 31–39; https://www.sanignaciograywhales.org/wp-content/uploads/2015/03/2008-gray-whale-workshop.pdf.

272 Donna D. W. Hauser et al., *Decadal shifts in autumn migration timing by Pacific Arctic beluga whales are related to delayed annual sea ice formation*, in „Global Change Biology", 2016, 23, S. 2206–2217.

Winter in Südeuropa und an den nordafrikanischen Küsten verbringen, ihren Aufbruch bis weit in den Herbst hinaus und nutzten die milden Temperaturen aus. Einige Langstreckenzieher, also jene Arten, die den Winter südlich der Sahara verbringen, verlegten ihren Aufbruch ebenfalls in den Herbst, allerdings um die Wüste nicht in der Trockenheit überqueren zu müssen.[273]

Doch damit sind die Probleme noch nicht zu Ende. Es geht nicht nur um das richtige Timing. Auch wenn man mit ihrem Tempo Schritt hält, kann die globale Erwärmung andere, sogar gefährlichere Schäden nach sich ziehen. Die Meeresschildkröten etwa müssen mit der Feminisierung ganzer Brutgelege fertig werden, weil die erhöhten Temperaturen die Geburt von Weibchen begünstigen, während für eine gleichmäßige Geschlechterverteilung bei der Geburt eine optimale Temperatur um 29 Grad Celsius erforderlich wäre.

Andere können dagegen Schwierigkeiten bekommen, genug Futter zu finden, um ihre Wanderung überhaupt in Angriff zu nehmen. Das widerfuhr einer Population von australischen Buckelwalen, die 2011 im Sommer auf der Südhalbkugel nicht genügend Krill in den antarktischen Gewässern fand; aus einer Reihe von Gründen, die von veränderten Meeresströmungen bis zur Meereisausdehnung reichen, hatte die Primärproduktion nachgelassen.[274]

Dasselbe widerfährt auch der Weltpopulation der Rentiere und Karibus, die laut dem im Dezember 2018 von der NOAA herausgegebenen Arktisbericht (Arctic Report Card) in den letzten 20 Jahren um mehr als die Hälfte von 4,7 auf 2,1 Millionen Exemplare zurückging. Über Europa, Russland und Nordamerika verteilt, sind die 23 Herden, in die man diese Art gewöhnlich unterteilt,

273 Lukas Jenni und Marc Kéry, *Timing of autumn bird migration under climate change: advances in long-distance migrants, delays in short-distance migrants*, in „Proceedings of the Royal Society B: Biological Sciences", 2003, 270, S. 1467–1471.

274 Bengtson Nash *et al.*, *Signals from the south: humpback whales carry messages of Antarctic sea-ice ecosystem variability*, in „Global Change Biology", 2018, 24, S. 1500–1510.

um 56 Prozent geschrumpft.[275] Lediglich zwei scheinen stabil geblieben zu sein, eine davon ist die der Porcupine-Karibus an der Grenze von Alaska und Kanada. Schuld daran trägt wohl auch in diesem Fall der Klimawandel mit allen Faktoren, die mit ihm zusammenhängen. Trockenheit und mitunter verheerende Brände führen zur Veränderung der Tundravegetation. Gräser und Sträucher nehmen zu, während es sowohl im Sommer als auch im Winter immer schwieriger wird, Flechten zu finden, die Grundnahrung auf dem Speiseplan der Karibus. Das ist vor allem in der kalten Jahreszeit ein Problem, wenn die Tiere Gewicht zulegen müssen, um die nächste Fortpflanzungswanderung – und die Weibchen die Trächtigkeit – zu bewältigen. Doch die Flechten werden nicht nur weniger, es wird auch schwieriger, an sie heranzukommen: Zu den Folgen der globalen Erwärmung gehören auch mildere und niederschlagsreichere Winter mit häufigen Regenfällen, die, wenn sie auf Schnee fallen, eine Eisschicht bilden und den Rentieren den Zugang zu den Flechten verwehren. Im Sommer dagegen machen die erhöhten Temperaturen die Rentiere und Karibus anfälliger für parasitäre Insekten, die in Scharen über sie herfallen. Kurzum, der Niedergang dieser Huftiere ist bereits im Gange und wirkt sich auf die gesamte Nahrungskette aus: Weniger Rentiere bedeuten auch weniger Exkremente, die den Boden düngen, und dieser wird nicht mehr durch das Getrampel der Herden bearbeitet und durchmischt. Außerdem wirkt sich der Rückgang der Huftiere auf das Überleben ihrer Feinde wie Wolf und Grizzlybär und auf die Nomadenvölker aus, die ihnen folgen.[276]

Natürlich bekommen auch die Ozeane und ihre Bewohner die Folgen des Klimawandels zu spüren. Mit der Erderwärmung werden viele Arten auf der Suche nach optimalen Temperaturen

---

275 D. E. Russell *et al.*, *Migratory tundra caribou and wild reindeer*, in „NOAA Arctic Report Card 2018", S. 67–73.

276 K. Joly *et al.*, *Decrease of lichens in Arctic ecosystems: the role of wildfire, caribou, reindeer, competition and climate in north-western Alaska*, in „Polar Research", 2009, 28, S. 433–442.

kühlere Gebiete, höhere Gebirgslagen oder tiefere Gewässer aufsuchen. Die Sardinen haben in der Tat bereits begonnen, in diesem Sinne zu wandern.[277] Auch die Lodden, die um Island wandern, haben bereits gezeigt, dass sie auf den Anstieg der Meerestemperaturen reagieren können. Normalerweise laichen die Lodden entlang der Küsten im Süden Islands, wobei sie die Insel im Osten umrunden: Sie nehmen lieber einen dreimal längeren Weg in Kauf, um ihrem Hauptfeind, dem Kabeljau, aus dem Weg zu gehen, anstatt abzukürzen und die Insel im Westen zu umrunden. Schon in den 1920er- und 1930er-Jahren hatten sich die Gewässer im Norden Islands aufgrund der Meeresströmungen erwärmt und Temperaturen von 4,5–5 Grad anstatt der üblichen null bis ein Grad erreicht. Das genügte den Lodden, um mehrere Jahre hintereinander zum Laichen im Norden zu bleiben. Seit den 2000er-Jahren bis heute sind die Temperaturen dieser Küstengewässer auf drei bis vier Grad angestiegen und es könnte sein, dass sie bald die für die Fortpflanzung der Lodden günstige Schwelle von 4,5–5 Grad überschreiten. Sollte das passieren, würden die Lodden sehr wahrscheinlich erneut im Norden Islands zu laichen beginnen; schon heute „wandern" ihre Futtergebiete weiter nach Norden.[278] Der Beitrag des Klimawandels zu den ozeanografischen Strömungsverhältnissen wird also in (nicht allzu ferner) Zukunft die Wanderungen der Lodden und die Wahl ihrer Laichquartiere bestimmen.

Kern des Problems ist aber nicht nur die Temperatur. Die Ozeane sind nämlich ein wichtiger Speicher für das Kohlendioxid, das durch menschlichen Einfluss in die Atmosphäre gelangt: Etwa ein Viertel davon wird von den Ozeanen aufgenommen und ver-

---

277 Ignasi Montero-Serra et al., Warming shelf seas drive the subtropicalization of European pelagic fish communities, in „Global Change Biology", 2014, 21, S. 144–153; Jürgen Alheit et al., Climate variability drives anchovies and sardines into the North and Baltic Seas, in „Progress in Oceanography", 2012, 96, S. 128–139; David M. Checkley Jr. et al., Climate, Anchovy, and Sardine, in „Annual Review of Marine Science", 2017, 9, S. 469–493.
278 Anna H. Olafsdottir und George A. Rose, Influences of temperature, bathymetry and fronts on spawning migration routes of Icelandic capelin (Mallotus villosus), in „Fisheries Oceanography", 2012, 21, S. 182–198.

wandelt sich dort in Kohlensäure. Das Ergebnis ist eine Übersäuerung der Meere, deren pH-Wert sinkt. Die langsame und kontinuierliche Versauerung der Meere wirkt sich natürlich auch auf die marine Nahrungskette aus: So macht sie die kalkhaltigen Schalen von Muscheln, Schnecken oder planktonischen Foraminiferen dünner und zerbrechlicher, weil die Säure das Kalziumkarbonat in den Schalen angreift. Das Sinken des pH-Werts der Ozeane hat zweifellos einen schwerwiegenden Dominoeffekt für die gesamte Nahrungskette. Es bedroht ganze Ökosysteme wie die Korallenriffe, deren Wachstum es bremst, und kann auch negative Auswirkungen auf das Geruchsvermögen bestimmter Fische haben, das für sie wesentlich ist, um Futter zu finden oder Fressfeinden zu entkommen.[279] Für manche Arten könnten kohlendioxidreiche Gewässer allerdings auch günstig sein, zum Beispiel für die Lachse. In einer Laboruntersuchung wurde festgestellt, dass solche Gewässer das Wachstum der jungen Atlantischen Lachse in den ersten beiden Wochen begünstigen könnten, in denen sie mit dem Salzwasser in Kontakt kommen, nachdem sie wieder flussabwärts gezogen sind.[280]

Wissenschaftlern auf der anderen Erdhälfte bereitet indes Sorgen, dass die Antarktis Eis verliert. Eine aktuelle Studie hat die antarktische Eismassenbilanz – das ist die Differenz zwischen der Eismasse, die sich unter anderem durch Schneefälle angesammelt hat, und jener, die durch die Eisschmelze verloren ging – zwischen 1979 und 2017 analysiert. Nun, in diesen 40 Jahren ist der jährliche Verlust um das Sechsfache gestiegen: Gingen in den ersten zehn Jahren in der Antarktis jedes Jahr rund 40 Milliarden Tonnen Eis verloren, so stieg der jährliche Verlust im letzten Jahrzehnt auf 252 Milliarden Tonnen an. Anders ausgedrückt: In den 1980er- und 1990er-Jahren verlor die Antarktis jährlich etwa 48 Gigaton-

279 Ove Hoegh-Guldberg *et al.*, *Coral reef ecosystems under climate change and ocean acidification*, in „Frontiers of Marine Science", 2017, https://doi.org/10.3389/fmars.2017.00158.
280 S. D. McCormick und A. M. Regish, *Effects of ocean acidification on salinity tolerance and seawater growth of Atlantic salmon Salmo salar smolts*, in „Journal of Fish Biology", 2018, 93, S. 560–566.

nen Eis, ab 2001 waren es schon 134 pro Jahr: eine Zunahme von 280 Prozent.[281] Das sind erschreckende Zahlen, die den antarktischen Kontinent dramatisch verändern, wenn auch in inhomogener Weise: Die Westseite verliert mehr Eis als die Ostseite. Zu den wandernden Tierarten, die am meisten unter den Folgen der Eisschmelze leiden, gehören die Adelie- und die Kaiserpinguine, die mit dem Verlust und der Verschiebung der verschiedenen Formen von Meereis zurechtkommen müssen, an das sie für die Brut und für ihre Ernährung stark gebunden sind. In der Tat verlagern sich die Kolonien der Adeliepinguine bereits in südlichere Breiten. Das gilt auch für einige Kolonien von Kaiserpinguinen.[282] Seit 1970 sind die Kaiserpinguine praktisch ganz von der Antarktischen Halbinsel, die sich im Westen fast bis Südamerika erstreckt, verschwunden; und auch die Adeliepinguine sind dort um 70 Prozent zurückgegangen, während ihre Kolonien im Rossmeer stabil sind oder wieder zunehmen. Ebendiese Ortswechsel der Kolonien und die Verkleinerung des Areals der beiden Arten sind derzeit die augenfälligste Folge des Klimawandels. Zu bedenken bleibt immer, dass in diesen Breiten die Fotoperiode und die Dynamik des Meereises die Gesetze diktieren: Diese beiden Faktoren grenzen das Zeitfenster für die Fortpflanzung ein. Und die globale Erwärmung könnte diese perfekte und harmonische Koinzidenz, die sich in Jahrtausenden entwickelt hat, zunichte machen. Die Fortpflanzungsperiode der Pinguine könnte nicht mehr mit dem Überfluss an atlantischem Krill zusammenfallen, die krillreichen *Upwelling*-Zonen könnten sich verlagern oder der Krill selbst könnte aufgrund der globalen Erwärmung weniger werden. In jedem Fall ist mit schwerwiegenden Auswirkungen auf die gesamte Nahrungskette zu rechnen. Ferner könnten riesige Eisberge, die vom

---

281 Eric Rignot *et al.*, *Four decades of Antarctic ice sheet mass balance from 1979–2017*, in „Proceedings of the National Academy of Sciences", 2019, https://doi.org/10.1073/pnas.1812883116.
282 Peter T. Fretwell *et al.*, *Emperor Penguins Breeding on Iceshelves*, in „PLoS ONE", 2014, 9, https://doi.org/10.1371/journal.pone.0085285.

Packeis abbrechen und abgetrieben werden, die Eingänge zu den Kolonien versperren, was übrigens bereits geschieht.[283]

Kurzum, ohne ein rasches Gegensteuern könnte der Klimawandel, den wir gerade erleben – und dessen Urheber wir sind – die Wanderungen vieler Tierarten völlig verändern. Eines der beeindruckendsten Naturschauspiele läuft Gefahr, sich durch die Schuld des Menschen dramatisch zu verändern, ja vielleicht für immer zu verschwinden, sei es durch das Einschleppen gebietsfremder Arten oder durch den Klimawandel.

Obwohl viele Wanderungen, die wir kennengelernt haben, bedroht sind, könnte die globale Erwärmung andererseits auch neue hervorbringen, wenn auch vorerst keine Pendlermigrationen. Zu denen, die seit jeher wandern, gesellt sich nämlich eine immer zahlreichere Schar von „frischgebackenen" Wandertieren: die Klimamigranten. Früher sesshafte Tiere und sogar Pflanzen haben sich seit einiger Zeit auf Wanderschaft begeben: Aufgrund der Klimaveränderungen sind sie zum Wandern gezwungen oder werden es bald sein. Bis 2100 könnten an die 700 amerikanische Meerestierarten, von denen viele wichtig für die kommerzielle Fischerei sind, 90 Prozent ihres derzeitigen Areals verlieren und gezwungen sein, bis zu 2.000 Kilometer weiter nach Norden zu ziehen.[284] Viele Pflanzen „klettern bereits die Berge hoch", um der Hitze zu entfliehen, und selbst die Geografie des Weinbaus verschiebt sich.[285] Das ist aber eigentlich eine andere Geschichte.

---

283 Jaume Forcada und Philip N. Trathan, *Penguin responses to climate change in the Southern Ocean*, in „Global Change Biology", 2009, 15, S. 1618–1630; Christophe Barbraud und Henri Weimerskirch, *Emperor penguins and climate change*, in „Nature", 2001, 411, S. 183–186.

284 J. W. Morley et al., *Projecting shifts in thermal habitat for 686 species on the North American continental shelf*, in „PLoS ONE", 2018, 13, https://doi.org/10.1371/journal.pone.0196127.

285 B. I. Cook und E. M. Wolkovich, *Climate change decouples drought from early wine grape harvests in France*, in „Nature Climate Change", 2016, 6, S. 715–719; E. M. Wolkovich et al., *From Pinot to Xinomavro in the world's future wine-growing regions*, in „Nature Climate Change", 2018, 8, S. 29–37.

Dank

Der Grundstein zu diesem Buch wurde vor fast zehn Jahren gelegt, als ich noch an der Universität studierte. Zutiefst fasziniert vom Phänomen der Tierwanderungen, spezialisierte ich mich bald auf das Studium der Zugvögel und wurde Beringerin beim ISPRA (Istituto Superiore per la Protezione e la Ricerca Ambientale = Höheres Institut für Umweltschutz und Umweltforschung). Ich hielt mich oft auf Inseln und Gebirgspässen auf, um die Protagonisten dieser grenzenlosen Reise mit eigenen Augen zu beobachten und ihre Phänologie und Physiologie zu studieren. Als ich dann begann, als Wissenschaftsjournalistin zu arbeiten, floss ein Teil dieser Erfahrungen in Vorträge, Artikel und Veröffentlichungen im Onlinemagazin *Il Tascabile* ein.

Dass dies alles zu einem Buch über wandernde Tierarten wurde, verdanke ich einem Telefongespräch mit Stefano Milano. Das erste Dankeschön geht daher an Stefano, der mich zum Verlag Codice brachte und mich ermunterte, meine Erfahrungen zu einem Thema, das nie aufgehört hat, mich zu interessieren, zu Papier zu bringen.

Ein Buch entsteht jedoch nie im Alleingang, deshalb möchte ich dem gesamten Team von Codice danken, insbesondere Enrico Casadei für seine Geduld und Hingabe, Massimo Bonato für sein fürsorgliches Lektorat und Silvia Virgillo dafür, dass sie meine Skizzen in anschauliche Karten verwandelte.

Ein großes Dankeschön gebührt auch einer Schar von Freunden, Zoologen, Forschern, Naturwissenschaftlern und Biologen. Jeder hat jeweils im Rahmen seines Fachs die ersten Entwürfe gegengelesen, meine Fragen beantwortet, wissenschaftliche Artikel empfohlen und sich sogar dann Zeit für mich genommen, wenn sie oder er gerade auf Feldforschung war. Danke also an Rosario Balestrieri, Marco Colombo, Niccolò Fattorini, Salvatore Ferraro, Barbara Franzetti, Barbara Mussi, Silvia Olmastroni, Francesco Parisi, Antonio Romano, Danilo Russo und Carlotta Vivaldi.

Und schließlich wäre dieses Projekt ohne zwei Personen sicher anders verlaufen: Meine Mutter Mara Fortuna war meine erste Leserin und Kritikerin, aufmerksam und neugierig, begierig, aus meinen Ausführungen mehr über die wandernden Tiere zu erfahren; und Michele Soprano hat mich während der Abfassung dieses Buches in jeder erdenklichen Weise liebevoll getragen und ertragen. Dafür bin ich ihnen von Herzen dankbar.

Die Originalausgabe ist 2019 bei Codice edizioni, Turin, www.codiceedizioni.it,
unter dem Titel *Senza confini. Le straordinarie storie degli animali migratori* erschienen.
© 2019 Codice edizioni, Torino
Translation rights arranged through Bennici & Sirianni Literary agency,
www.agenzia-letteraria.

Die Drucklegung erfolgte mit freundlicher Unterstützung durch
die Abteilung für deutsche Kultur in der Südtiroler Landesregierung.

AUTONOME PROVINZ BOZEN SÜDTIROL — PROVINCIA AUTONOMA DI BOLZANO ALTO ADIGE

Deutsche Kultur

Umschlag: Dall'O & Freunde unter Verwendung von Motiven von Shutterstock
Karten: Codice edizione, bearbeitet von no.parking, Vicenza, unter Verwendung
der Tierabbildungen von Shutterstock.
Bildtafel VIII: Die Abbildung des Grauwals stammt von Gettyimages.
Gestaltung Vorsatz: no.parking, Vicenza

Lektorat: Susanne Eversmann
Fachliche Beratung: Gunther Willinger

Zweite Auflage

© der deutschsprachigen Ausgabe
FOLIO Verlag Wien • Bozen 2021
Alle Rechte vorbehalten

Grafische Gestaltung: Dall'O & Freunde
Druckvorbereitung: Typoplus, Frangart
Printed in Europe

ISBN 978-3-85256-826-3

www.folioverlag.com

E-Book ISBN 978-3-99037-122-0